Springer-Lehrbuch

Springer
Berlin
Heidelberg
New York
Hongkong
London
Mailand
Paris
Tokio

Vladimir I. Arnold

Vorlesungen über partielle Differential-gleichungen

Übersetzt aus dem Russischen von Tobias Damm

Mit 100 Abbildungen

 Springer

Vladimir I. Arnold
Steklov Mathematical Institute
ul. Gubkina 8
11991 Moscow, Russia
e-mail: arnold@genesis.mi.ras.ru
and
CEREMADE
Université de Paris-Dauphine
Place du Maréchal de Lattre de Tassigny
75775 Paris Cedex 16, France
e-mail: arnold@ceremade.dauphine.fr

Übersetzer
Tobias Damm
Institut für Angewandte Mathematik
TU Braunschweig
38106 Braunschweig, Germany

Übersetzung der russischen Originalausgabe „Lektsii ob uravneniyakh s chastnymi proizvodnymi" von V.I. Arnold (ISBN 5-7036-0035-9) © 1997 PHASIS, Moskau, Russland

---

Mathematics Subject Classification (2000): 35-01, 70-01

Die Deutsche Bibliothek – CIP-Einheitsaufnahme

Bibliografische Information der Deutschen Bibliothek
Die Deutsche Bibliothek verzeichnet diese Publikation in der Deutschen Nationalbibliografie; detaillierte bibliografische Daten sind im Internet über <http://dnb.ddb.de> abrufbar.

ISBN 3-540-43578-6 Springer-Verlag Berlin Heidelberg New York

Springer-Verlag ist ein Unternehmen von Springer Science+Business Media GmbH
springer.de

© Springer-Verlag Berlin Heidelberg 2004
Printed in Germany

Satz: Datenerstellung durch den Übersetzer unter Verwendung eines Springer LATEX-Makropakets
Einbandgestaltung: *design & production* GmbH, Heidelberg

Gedruckt auf säurefreiem Papier   44/3142at - 5 4 3 2 1 0

Inhaltsverzeichnis

Vorwort zur zweiten Auflage

Die Theorie der partiellen Differentialgleichungen galt zur Mitte des 20. Jahrhunderts als Glanzstück der Mathematik. Grund dafür waren zum einen die Schwierigkeit und Bedeutung der Probleme, mit denen sie sich befaßt, zum anderen die Tatsache, daß sie sich später entwickelt hatte als die meisten anderen mathematischen Disziplinen.

Heute neigen viele dazu, dieses bemerkenswerte mathematische Gebiet mit einer gewissen Geringschätzung als eine altmodische Kunst, mit Ungleichungen zu jonglieren, oder als Versuchsgelände zur Erprobung der Funktionalanalysis zu betrachten. Der entsprechende Kurs wurde sogar aus dem Pflichtprogramm einiger Universitäten (zum Beispiel in Paris) herausgenommen. Schlimmer noch, so hervorragende Lehrbücher wie das klassische dreibändige Werk von Goursat sind wegen mangelnden Interesses aus der Bibliothek der Universität Paris 7 hinausgeworfen worden (und konnten nur dank meiner Einmischung gerettet werden, zusammen mit den Vorlesungen Kleins, Picards, Hermites, Darbouxs, Jordans, ...).

Der Grund dafür, daß diese wichtige, die gesamte Mathematik betreffende Theorie zu einem endlosen Strom von Arbeiten „Über eine Eigenschaft einer Lösung einer Randwertaufgabe einer partiellen Differentialgleichung" verkommen konnte, liegt vermutlich in dem Versuch, eine einheitliche alles umfassende höchst abstrakte Theorie „von allem" zu schaffen.

Partielle Differentialgleichungen treten vor allem in Modellen kontinuierlicher Medien in der mathematischen und theoretischen Physik auf. Versuche, die beachtlichen Errungenschaften der mathematischen Physik auf Systeme zu übertragen, die nur formale Ähnlichkeit mit den genannten Modellen besitzen, führen auf komplizierte und schwer überschaubare Theorien. In ähnlicher Weise führen Versuche, die Geometrie der Flächen zweiter Ordnung und die Algebra quadratischer Formen auf Objekte höherer Ordnung zu übertragen, schnell in das Dickicht der algebraischen Geometrie mit ihren entmutigenden Hierarchien komplizierter Entartungen und ihren nur theoretisch bestimmbaren Antworten.

In der Theorie der partiellen Differentialgleichungen ist es noch schlimmer: Die Schwierigkeiten der kommutativen algebraischen Geometrie verbinden sich hier unentwirrbar mit der nichtkommutativen Differentialalgebra und hinzu treten höchst nichttriviale Probleme der Topologie und der Analysis.

Gleichzeitig kann man sich aber in zahlreichen besonders wichtigen Problemen der mathematischen Physik auf allgemeine physikalische Prinzipien und so allgemeine Konzepte wie Energie, Variationsprinzip, Huygenssches Prinzip, Lagrangescher Multiplikator, Legendre-Transformation, Hamiltonfunktion, Eigenwert und Eigenfunktion, Welle-Teilchen Dualität, Dispersion und Fundamentallösung verlassen. Ihre Erforschung hat die Entwicklung großer Gebiete der Mathematik angeregt wie die Theorie der Fourierreihen und Fourierintegrale, die Funktionalanalysis, die algebraische Geometrie, die symplektische Topologie und die Kontakttopologie, die Theorie der Asymptotiken von Integralen, die mikrolokale Analysis, die Indextheorie von (Pseudo-)Differentialoperatoren und andere.

Eine Vertrautheit mit diesen grundlegenden mathematischen Ideen ist meiner Meinung nach absolut unverzichtbar für jeden tätigen Mathematiker. Ihre Verbannung aus der universitären mathematischen Ausbildung geschah oder geschieht in vielen westlichen Ländern unter dem Einfluß scholastischer Axiomatisierer (die mit keinerlei Anwendungen vertraut sind und nichts zu wissen wünschen als den „abstrakten Unsinn" der Algebraiker); ich halte dies für eine äußerst gefährliche Nachwirkung der Bourbakisierung sowohl der Mathematik als auch ihrer Didaktik. Das Bestreben, diese unnötige scholastische Pseudowissenschaft abzuschaffen, ist eine natürliche und gesetzmäßige Reaktion der Gesellschaft (zumal der wissenschaftlichen) auf die verantwortungslose und selbstmörderische Aggressivität der „ultrareinen" Mathematiker, erzogen im Geiste Hardys und Bourbakis.

Der Autor dieses sehr kurzen Vorlesungskurses war bestrebt, Studenten der Mathematik, die über minimale Vorkenntnisse verfügen (Lineare Algebra und Grundzüge der Analysis inklusive gewöhnliche Differentialgleichungen) mit einem Kaleidoskop grundlegender Ideen der Mathematik und Physik vertraut zu machen. Anstelle des in mathematischen Büchern üblichen Prinzips der maximalen Allgemeinheit hat sich der Autor bemüht, am Prinzip der minimalen Allgemeinheit festzuhalten, gemäß welchem jede Idee zunächst in der einfachsten Situation klar verstanden sein muß, bevor die entwickelte Methode auf kompliziertere Fälle übertragen werden kann.

Obwohl üblicherweise eine allgemeine Tatsache einfacher zu beweisen ist als ihre zahlreichen Spezialfälle, stellt eine mathematische Theorie für den Lernenden nicht mehr dar als eine Sammlung von Beispielen, die er gut und vollständig verstanden hat. Deshalb bilden gerade Beispiele und Ideen und eben nicht allgemeine Sätze und Axiome die Grundlage dieses Buches. Die Prüfungsaufgaben am Ende des Kurses sind ein wesentlicher Bestandteil.

Besondere Aufmerksamkeit wurde auf die Wechselwirkung des Gegenstandes mit anderen Bereichen der Mathematik gerichtet, insbesondere der Geometrie von Mannigfaltigkeiten, der symplektischen Geometrie und Kontaktgeometrie, der komplexen Analysis, der Variationsrechnung und der Topologie. Der Autor richtet sich an wißbegierige Studenten, hofft aber gleichzeitig, daß sogar professionelle Mathematiker mit anderen Spezialgebieten durch dieses Buch die grundlegenden und daher einfachen Ideen der mathematischen Physik und der Theorie der partiellen Differentialgleichungen kennenlernen können.

Der vorliegende Kurs wurde für Studenten im dritten Studienjahr am mathematischen College der unabhängigen Moskauer Universität im Herbstsemester 1994/95 gehalten; dabei wurden die Vorlesungen 4 und 5 von Yu. S. Ilyashenko und die Vorlesung 8 von A. G. Khovanskij gehalten. Alle Vorlesungen wurden mitgeschrieben von V. M. Imaikin (und seine Mitschrift wurde dann vom Autor überarbeitet). Allen spricht der Autor seinen tiefen Dank aus.

Die erste Auflage dieses Kurses erschien 1995 im Verlag des mathematischen Colleges der unabhängigen Moskauer Universität. In der vorliegenden Ausgabe wurden einige Ergänzungen und Korrekturen eingearbeitet.

Vorlesung 1. Allgemeine Theorie einer Gleichung erster Ordnung

Im Unterschied zu den gewöhnlichen Differentialgleichungen besitzen die partiellen Differentialgleichungen keine einheitliche Theorie. Einige Gleichungen haben ihre eigenen Theorien, für andere gibt es überhaupt keine Theorie. Das hat mit der komplizierteren Geometrie zu tun. Im Falle gewöhnlicher Differentialgleichungen ist auf einer Mannigfaltigkeit ein Vektorfeld gegeben, daß lokal integrierbar ist (also Integralkurven besitzt). Im Falle einer partiellen Differentialgleichung ist in jedem Punkt der Mannigfaltigkeit ein Teilraum des Tangentialraums gegeben, dessen Dimension größer als 1 ist. Bekanntlich ist schon ein Feld zweidimensionaler Ebenen im dreidimensionalen Raum im allgemeinen nicht integrierbar.

Beispiel. Im Raum mit den Koordinaten x, y, z betrachten wir das durch die Gleichung $dz = y\,dx$ gegebene Ebenenfeld (in jedem Punkt ist das eine lineare Gleichung für die Koordinaten des Tangentialvektors, die eine Ebene beschreibt).

Aufgabe 1. Zeichnen Sie dieses Ebenenfeld und beweisen Sie, daß es keine Integralfläche besitzt, d.h. es gibt keine Fläche, deren Tangentialebene in jedem Punkt mit dem Ebenenfeld übereinstimmt.

Somit sind integrierbare Ebenenfelder eine Ausnahmeerscheinung.

Als *Integraluntermannigfaltigkeit* eines Feldes von Tangentialunterräumen an eine Mannigfaltigkeit bezeichnet man eine Untermannigfaltigkeit, deren Tangentialebene in jedem Punkt in dem entsprechenden Tangentialunterraum enthalten ist. Wenn es gelingt, eine Integraluntermannigfaltigkeit zu konstruieren, so stimmt ihre Dimension üblicherweise nicht mit der Dimension der Unterräume des Feldes überein.

In dieser Vorlesung betrachten wir einen Fall, für den es eine vollständige Theorie gibt, nämlich den Fall einer einzigen Gleichung erster Ordnung. Vom physikalischen Standpunkt stellt dieser Fall die Dualität der Beschreibung von Phänomenen einerseits mit Hilfe von Wellen und andererseits mit Hilfe von Teilchen dar. Ein Feld genügt einer gewissen partiellen Differentialgleichung erster Ordnung, während ein Teilchenfluss durch ein System gewöhnlicher Differentialgleichungen beschrieben wird. So wie es einen Ansatz gibt, eine partielle Differentialgleichung auf ein System gewöhnlicher Differentialgleichungen zurückzuführen, so kann man an Stelle der Ausbreitung von Wellen auch Teilchenflüsse untersuchen.

Wir verwenden ein lokales Koordinatensystem. Die Koordinaten (also die unabhängigen Veränderlichen) bezeichnen wir mit $x = (x_1, \ldots, x_n)$; mit $y = u(x)$ bezeichnen wir die unbekannte Koordinatenfunktion, wobei der Buchstabe y selbst die Koordinate auf der Werteachse bezeichnet. Für die partiellen Ableitungen schreiben wir $p_i = \partial u / \partial x_i = u_{x_i}$.

Die *allgemeine partielle Differentialgleichung erster Ordnung* hat die Gestalt $F(x_1, \ldots, x_n, y, p_1, \ldots, p_n) = 0$.

Beispiele. Spezialfälle der allgemeinen partiellen Differentialgleichung erster Ordnung sind die gewöhnliche Differentialgleichung

$$\frac{\partial u}{\partial x_1} = 0 \,, \tag{1.1}$$

die Eikonalgleichung der geometrischen Optik

$$\left(\frac{\partial u}{\partial x_1}\right)^2 + \left(\frac{\partial u}{\partial x_2}\right)^2 = 1 \,, \tag{1.2}$$

die Eulersche Gleichung

$$u_t + u u_x = 0 \,. \tag{1.3}$$

Wir betrachten eine konvexe geschlossene Kurve in der Ebene mit den Koordinaten x_1, x_2. Außerhalb des durch die Kurve berandeten Gebietes sei die Funktion u definiert als der Abstand zu dieser Kurve. Dann ist u eine glatte Funktion.

Satz 1. *Die Funktion u genügt der Gleichung (1.2).*

BEWEIS. Gleichung (1.2) besagt, daß der Gradient von u immer Länge 1 hat. Wir rufen uns die geometrische Bedeutung des Gradienten in Erinnerung. Der Gradient ist der Vektor, in dessen Richtung sich die Funktion am schnellsten ändert, und seine Länge ist der Absolutbetrag dieser Änderungsgeschwindigkeit. Damit ist die Aussage des Satzes aber offensichtlich.   □

Aufgabe 2. (a) Zeigen Sie, daß sich jede Lösung von (1.2) lokal als Summe des Abstands zu einer Kurve und einer Konstanten darstellen läßt.

(b) Machen Sie sich klar, was dies mit der Dualität von Wellen und Teilchen zu tun hat (im Zweifelsfall siehe Abb. 2.2 und die zugehörigen Erläuterungen).

Es sei nun $u(t, x)$ ein Geschwindigkeitsfeld von sich frei entlang einer Geraden bewegenden Teilchen (Abb. 1.1). Das Gesetz der freien Bewegung von Teilchen hat die Form $x = \varphi(t) = x_0 + vt$, wobei v die Geschwindigkeit der Teilchen bezeichnet. Die Funktion φ genügt der Newtonschen Gleichung $\frac{d^2\varphi}{dt^2} = 0$. Wir beschreiben die Bewegung nun durch das Geschwindigkeitsfeld u. Definitionsgemäß gilt $\frac{d\varphi}{dt} = u(t, \varphi(t))$. Wir differenzieren nach t und erhalten die Eulersche Gleichung

$$\frac{d^2\varphi}{dt^2} = u_t + u_x u = 0 \,.$$

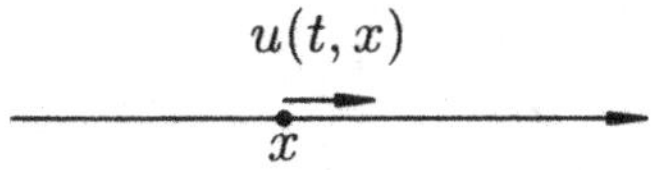

$$u(t, x)$$

Abb. 1.1. Ein Teilchen auf einer Geraden

Umgekehrt kann man aus der Eulerschen Gleichung die Newtonsche Gleichung ableiten, d.h. diese Beschreibungen der Bewegung mit Hilfe der Eulerschen Gleichung für das Feld und mit Hilfe der Newtonschen Gleichung für die Teilchen sind äquivalent. Wir werden auch für den allgemeinen Fall eine Vorgehensweise entwickeln, wie man eine Wellengleichung auf eine Evolutionsgleichung für Teilchen zurückführen kann. Zunächst betrachten wir aber einige einfachere Beispiele für lineare Gleichungen.

1.) Es sei $v = v(x)$ ein Vektorfeld auf einer Mannigfaltigkeit oder einem Gebiet des euklidischen Raums. Wir betrachten die Gleichung $L_v(u) = 0$, wobei der Operator L_v die Ableitung in Richtung des Vektorfeldes beschreibt (die Lie-Ableitung).

In Koordinatenschreibweise hat diese Gleichung die Gestalt

$$v_1 \frac{\partial u}{\partial x_1} + \ldots + v_n \frac{\partial u}{\partial x_n} = 0 \,.$$

Sie heißt *homogene lineare partielle Differentialgleichung erster Ordnung*.

Eine Funktion u ist genau dann eine Lösung dieser Gleichung, wenn sie entlang der Phasenkurven des Feldes v konstant ist. Somit *sind die Lösungen unserer Gleichung die ersten Integrale des Feldes*.

Als Beispiel betrachten wir das Feld $v = \sum_{i=1}^n x_i \frac{\partial}{\partial x_i}$ aus Abb. 1.2. Wir wollen die Gleichung $L_v(u) = 0$ für dieses Feld lösen. Die Phasenkurven sind die Strahlen $x = e^t x_0$, die vom Ursprung des Koordinatensystems ausgehen. Die Lösung muß auf jedem dieser Strahlen konstant sein. Wenn wir im Ursprung Stetigkeit fordern, erhalten wir, daß die Lösungen genau die Konstanten sind. Diese Konstanten bilden einen eindimensionalen Vektorraum (die Lösungen einer linearen Gleichungen müssen einen Vektorraum bilden).

Im Unterschied zu diesem Beispiel bilden die Lösungen einer linearen partiellen Differentialgleichung im allgemeinen einen unendlichdimensionalen Vektorraum. So ist zum Beispiel der Lösungsraum der Gleichung $\frac{\partial u}{\partial x_1} = 0$ gleich dem Raum der Funktionen

$$u = \varphi(x_2, \ldots, x_n)$$

in $n - 1$ Variablen.

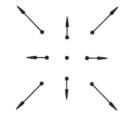

Abb. 1.2. Das Eulersche Feld

Es zeigt sich, daß dasselbe für generische Gleichungen in einer Umgebung eines regulären Punktes gilt.

Das Cauchyproblem. Wir betrachten eine glatte Hyperfläche Γ^{n-1} im x-Raum. Das *Cauchyproblem* besteht darin, eine Lösung der Gleichung $L_v(u) = 0$ zu finden, die auf der Hyperfläche mit einer gegebenen Funktion übereinstimmt (Abb. 1.3).

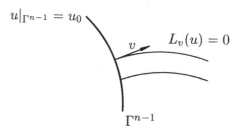

Abb. 1.3. Das Cauchyproblem

Ein Punkt der Hyperfläche heißt *nichtcharakteristisch*, wenn das Feld v dort transversal zur Hyperfläche verläuft.

Satz 2. *Jeder nichtcharakteristische Punkt besitzt eine Umgebung, auf der das Cauchyproblem eindeutig lösbar ist.*

BEWEIS. Durch eine glatte Variablentransformation begradigen wir das Feld und überführen Γ in die Hyperebene $x_1 = 0$. In einer kleinen Umgebung eines nichtcharakteristischen Punktes erhalten wir nun das Problem

$$\frac{\partial u}{\partial x_1} = 0, \quad u|_{0,x_2,\ldots,x_n} = u_0(x_2,\ldots,x_n),$$

welches eindeutig lösbar ist. $\square$

2.) Nun betrachten wir das Cauchyproblem für den allgemeineren Fall einer *linearen inhomogenen* Gleichung

$$L_v(u) \; = \; f, \quad u|_{\Gamma^{n-1}} \; = \; u_0 \; .$$

Die Lösungen einer solchen Gleichung bilden einen *affinen* Raum (die allgemeine Lösung einer inhomogenen Gleichung ist die Summe der allgemeinen Lösung der homogenen Gleichung und einer partikulären Lösung der inhomogenen Gleichung).

Eine glatte Variablentransformation bringt das Problem auf die Gestalt

$$\frac{\partial u}{\partial x_1} \; = \; f(x_1, x_2, \ldots, x_n), \quad u|_{0, x_2, \ldots, x_n} \; = \; u_0(x_2, \ldots, x_n) \, ,$$

welche die eindeutige Lösung

$$u(x_1, \ldots) = u_0(\ldots) + \int_0^{x_1} f(\xi, \ldots)\, d\xi$$

besitzt.

3.) *Quasilinear* heißt eine Gleichung, die linear in den abgeleiteten Größen ist. In Koordinaten hat eine quasilineare Gleichung erster Ordnung die Gestalt

$$a_1(x, u)\frac{\partial u}{\partial x_1} + \ldots a_n(x, u)\frac{\partial u}{\partial x_n} = f(x, u) \, . \tag{$*$}$$

Wir bemerken, daß das Feld v in den ersten beiden Fällen dem Differentialoperator invariant zugeordnet war (unabhängig von den Koordinaten). Welches geometrische Objekt können wir aber einer quasilinearen Gleichung invariant zuordnen?

Wir betrachten den Raum mit den Koordinaten $(x_1, \ldots, x_n, y)$ als Raum der 0-*Jets der Funktionen in* $(x_1, \ldots, x_n)$, den wir mit $J^0(\mathbb{R}^n, \mathbb{R})$ oder kürzer J^0 bezeichnen.

Als *Raum der k-Jets von Funktionen in* $(x_1, \ldots, x_n)$ bezeichnet man bekanntlich den Raum der Taylorpolynome vom Grad k.

Wir stellen fest, daß das Argument $(x_1, \ldots, x_n, y, p_1, \ldots, p_n)$ in einer Gleichung erster Ordnung ein 1-Jet der Funktion ist. Somit können wir eine Gleichung erster Ordnung auffassen als Hyperfläche im Raum $J^1(\mathbb{R}^n, \mathbb{R})$ der 1-Jets von Funktionen. Der Raum der 1-Jets reellwertiger Funktionen in n Veränderlichen läßt sich mit einem $(2n+1)$-dimensionalen Vektorraum identifizieren: $J^1(\mathbb{R}^n, \mathbb{R}) \cong \mathbb{R}^{2n+1}$. Beispielsweise ergibt sich für Funktionen der Ebene ein fünfdimensionaler Raum von 1-Jets.

Die Lösung der Gleichung $(*)$ läßt sich mit Hilfe ihrer Charakteristiken (das sind spezielle Kurven in J^0) konstruieren. Das Wort „charakteristisch" bedeutet in der Mathematik stets „invariant zugeordnet". Zum Beispiel ist das charakteristische Polynom einer Matrix dem zugehörigen Operator invariant zugeordnet, unabhängig von der speziellen Basis bezüglich welcher die Matrix aufgestellt wurde. Die charakteristischen Untergruppen einer Gruppe sind diejenigen Untergruppen, die bei allen Automorphismen der Gruppe invariant bleiben. Charakteristische Klassen in der Topologie sind invariant unter den entsprechenden Transformationen.

Das Vektorfeld v (im Raum unabhängiger Variablen) heißt *charakteristisches Feld* der linearen Gleichung $L_v(u) = f$.

Definition. Als *charakteristisches Feld der quasilinearen Gleichung* $(*)$ wird das Feld $A = (a_1, \ldots, a_n, f)$ in J^0 bezeichnet.

Feststellung. *Die Richtung dieses Feldes ist charakteristisch.*

Ist nämlich u eine Lösung, so ist ihr Graph irgendeine Hyperfläche in J^0, die entsprechend der Gleichung tangential zum Feld A liegt. Umgekehrt ist eine Funktion eine Lösung, falls ihr Graph überall tangential zum Feld A liegt.

Hieraus wird klar, wie man eine quasilineare Gleichung lösen kann. Wir betrachten in J^0 die Phasenkurven des charakteristischen Feldes. Sie heißen *Charakteristiken*. Hat eine Charakteristik einen gemeinsamen Punkt mit dem Graphen der Lösung, so liegt sie ganz auf diesem. Also besteht der Graph aus Charakteristiken.

Das Cauchyproblem für eine quasilineare Gleichung wird nun analog formuliert wie in den vorherigen Fällen: Es sei im x-Raum eine glatte Hyperfläche Γ^{n-1} gegeben und auf dieser eine Anfangsfunktion u_0. Der Graph dieser Funktion ist eine Fläche $\hat{\Gamma}^{n-1}$ in J^0, die wir als Anfangsmannigfaltikeit ansehen, vgl. Abb. 1.4.

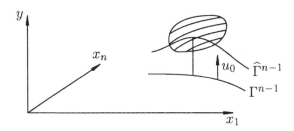

Abb. 1.4. Die Charakteristiken einer quasilinearen Gleichung, die durch die Anfangsmannigfaltigkeit $\hat{\Gamma}^{n-1}$ verlaufen

Wenn die Charakteristiken nicht tangential zur Hyperfläche $\hat{\Gamma}$ verlaufen, so setzt sich der Lösungsgraph lokal aus ihnen zusammen.

Im gegebenen Fall setzt sich die Eigenschaft eines Punktes, *nicht charakteristisch* zu sein, aus zwei Bedingungen zusammen. Das Feld A darf nicht tangential zu $\hat{\Gamma}^{n-1}$ liegen und der Feldvektor darf nicht vertikal sein, d.h. $a \neq 0$, damit sich tatsächlich ein Graph ergibt.

Punkte, wo $a = 0$, sind singulär; dort verschwindet die Differentialgleichung und verwandelt sich in eine algebraische Gleichung.

Beispiel. Für die Eulergleichung $u_t + uu_x = 0$ ist die Gleichung der Charakteristiken äquivalent zur Newtongleichung $\dot{t} = 1$, $\dot{x} = u$, $\dot{u} = 0$.

Jetzt gehen wir zur allgemeinen Gleichung erster Ordnung über.

Wir betrachten den Raum der 1-Jets $J^1(\mathbb{R}^n, \mathbb{R})$; ersetzen wir den $\mathbb{R}^n$ durch eine glatte n-dimensionale Mannigfaltigkeit B^n, so erhalten wir den Raum $J^1(B^n, \mathbb{R})$; dieser Raum besitze die lokalen Koordinaten (x, y, p).

Als *partielle Differentialgleichung erster Ordnung* bezeichnen wir eine glatte Hyperfläche $\Gamma^{2n} \subset J^1$.

Beispielsweise im Fall $n = 1$ erhalten wir eine implizite (d.h. nicht nach der abgeleiteten Größe aufgelöste) gewöhnliche Differentialgleichung.

Es erweist sich, daß unser Raum J^1 eine bemerkenswerte Struktur trägt: Ein invariant definiertes Feld[1] $2n$-dimensionaler Hyperebenen. Im Fall $n = 1$ etwa erhalten wir ein Feld von Ebenen im dreidimensionalen Raum. Die Struktur ergibt sich allein daraus, daß der Raum ein Raum von 1-Jets ist. Eine analoge Struktur entsteht auch in Räumen von Jets höherer Ordnung und wird dann als Cartansches Feld bezeichnet.

Jede Funktion im Raum der k-Jets besitzt einen *k-Graphen*. Im Fall der 0-Jets ist dies ein gewöhnlicher Graph, nämlich die Menge

$$\Gamma_u = \{j_x^0 u \mid x \in \mathbb{R}^n\} = \{(x, y) \mid y = u(x)\}$$

der 0-Jets der Funktion. Im Fall der 1-Jets besteht ein Punkt des *1-Graphen* aus dem Argument, dem Wert der Funktion und den Werten der partiellen Ableitungen erster Ordnung, also

$$\{j_x^1 u \mid x \in \mathbb{R}^n\} = \{(x, y, p) \mid y = u(x), p = \frac{\partial u}{\partial x}\},$$

vgl. Abb. 1.5 für den Fall $n = 1$. Wir bemerken, daß der 1-Graph ein Schnitt durch die Fasern über dem Definitionsbereich ist.

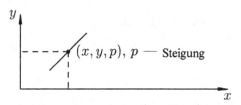

Abb. 1.5. Ein Punkt im Raum der 1-Jets

Bemerkung. Die Fläche des 1-Graphen mit dem n-dimensionalen Koordinatenvektor x ist diffeomorph zum Definitionsbereich der Funktion. Die Differenzierbarkeitsordnung der Fläche ist um 1 kleiner als diejenige der Funktion. Im Falle unendlicher Differenzierbarkeit bleibt die Ordnung erhalten.

---

[1] auch *Verteilung* oder *Distribution*, (Anm. d. Übers.)

Wir betrachten die Tangentialebene an den 1-Graphen. Das ist eine n-dimensionale Ebene im $(2n+1)$-dimensionalen Raum.

Satz 3. *Alle Tangentialebenen an alle 1-Graphen in einem gegebenen Punkt liegen in einer gemeinsamen Hyperebene.*

BEWEIS. Entlang jeder Tangentialebene gilt $dy = \sum \frac{\partial u}{\partial x_i}\, dx_i = \sum p_i\, dx_i$, oder kurz $dy = p\, dx$. Da p in einem gegebenen Punkt des Raums der 1-Jets festgelegt ist, erhalten wir eine lineare Gleichung für die Komponenten eines Tangentialvektors, durch welche eine Hyperebene definiert wird. Folglich liegt jede Tangentialebene an einen 1-Graphen in dieser Hyperebene.   □

Zum Beispiel wird im Fall $n = 1$ durch die Gleichung $dy = p\, dx$ eine vertikale Ebene im (x, y, p)-Koordinatenraum gegeben. Tangenten an die 1-Graphen sind alle Geraden, die in dieser Ebene liegen, mit Ausnahme der Vertikalen (Abb. 1.6).

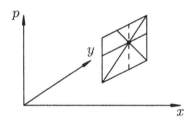

Abb. 1.6. Eine Kontaktebene im Raum der 1-Jets

In diesem Fall ist zu sehen, daß die Hyperebene selbst der Abschluß der Vereinigung aller Tangenten an beliebige 1-Graphen durch den gegebenen Punkt ist.

Aufgabe 3. Man zeige, daß dies für beliebige Dimensionen gilt.

Folgerung. *Das konstruierte Feld von Hyperebenen $dy = p\, dx$ ist invariant definiert, d.h. auch in anderen Koordinaten wird es durch die Gleichung $d\tilde{y} = \tilde{p}\, d\tilde{x}$ gegeben.*

Definition. Das angegebene Feld von Hyperebenen in J^1 heißt *Cartansches Feld* oder *Standard-Kontaktstruktur*

Aufgabe 4. Welche Dimensionen können Integralmannigfaltigkeiten bezüglich eines Feldes von Kontaktebenen haben? (Eine Mannigfaltigkeit heißt *Integralmannigfaltigkeit*, wenn in jedem Punkt ihre Tangentialebene ein Unterraum der Kontaktebene ist.)

Jeder 1-Graph ist eine Integralmannigfaltigkeit, folglich gibt es n-dimensionale Integralmannigfaltigkeiten. Aber kann die Dimension auch größer sein?

ANTWORT. Ein Feld von Kontaktebenen besitzt keine Integralmannig-faltigkeiten, deren Dimension größer ist als die Hälfte der Dimension der Kontaktebenen.

Definition. Eine Integraluntermannigfaltigkeit von maximaler Dimen-sion (die also genau die halbe Dimension der Kontaktebene besitzt) heißt *Legendresch*.

Zum Beispiel sind 1-Graphen Legendresch.

Nun kehren wir zur Differentialgleichung zurück.

Eine Gleichung ist eine $2n$-dimensionale Untermannigfaltigkeit Γ^{2n} in J^1. In jedem regulären Punkt dieser Fläche läßt sich eine charakteristische Rich-tung ausmachen, die durch die Fläche und die Kontaktstruktur festgelegt ist. Wir konstruieren die Charakteristiken (also die Integralkurven dieses Richtungsfeldes) und setzen aus ihnen dann die Integralmannigfaltigkeiten zusammen.

In einem Punkt der Fläche Γ^{2n} betrachten wir den Schnitt der Tangen-tialebene mit der Kontaktebene. Diese Ebenen fallen entweder zusammen, oder sie haben einen $(2n-1)$-dimensionalen Durchschnitt. Im ersten Fall ist der Punkt *singulär*, im zweiten *regulär*.

Wir stellen fest, daß für eine Fläche Γ in allgemeiner Lage die singulären Punkte isoliert sind. Auf Γ gibt es nämlich $2n$ Koordinaten. Wir betrachten jeweils die Normalen auf der Tangentialebene und der Kontaktebene. Ein Punkt ist singulär, wenn diese Normalen dieselbe Richtung haben. Das heißt, daß $2n$ Funktionen in $2n$ Punkten jeweils eine gemeinsame Nullstelle haben. In allgemeiner Lage geschieht das nur an isolierten Punkten.

Also haben wir in den regulären Punkten $(2n-1)$-dimensionale Schnitte der Tangential- und der Kontaktebenen. Für $n=1$ sind das Geraden, für $n>1$ nicht. Wie kann man eine eindimensionale Richtung auswählen?

In lokalen Koordinaten ist das Kontaktfeld durch die Nullstellen einer 1-Form $\alpha = dy - p\,dx$ gegeben, wobei wir diese Form noch mit einer nullstel-lenfreien Funktionen multiplizieren können, ohne das Feld (also die Kontakt-struktur) zu ändern.

Das äußere Differential der Form α, die 2-Form $\omega^2 = d\alpha$, ist schon nicht mehr invariant durch die Kontaktstruktur gegeben; es gilt aber folgendes.

Proposition 1. *Die Form $\omega|_{\alpha=0}$ ist bis auf einen von Null verschiedenen Faktor in jedem Punkt invariant definiert.*

BEWEIS. Es sei $\tilde\alpha = f\alpha$. Dann ist $d\tilde\alpha = df \wedge \alpha + f\,d\alpha$ und

$$d\tilde\alpha|_{\alpha=0} = f\,d\alpha|_{\alpha=0}\,,$$

d.h. $\tilde\omega^2$ unterscheidet sich von ω^2 durch die Multiplikation mit einer Zahl in jedem Punkt (man sagt, der *konforme Typ* der Form ω^2 sei invariant definiert). Wir bemerken, daß $\tilde\alpha = 0$, falls $\alpha = 0$.   □

Proposition 2. *Die Form $\omega|_{\alpha=0}$ ist eine symplektische Struktur.*

Es sei daran erinnert, daß eine *symplektische Struktur* eine nicht entartete, schiefsymmetrische Bilinearform in einem Raum gerader Dimension ist.

Eine Form ω ist nicht entartet, falls es für jedes $\xi \neq 0$ ein η gibt, so daß $\omega(\xi, \eta) \neq 0$.

BEWEIS. In lokalen Koordinaten hat unsere Form die Gestalt $d\alpha = -\sum dp_i \wedge dx_i$, wobei die p_i und x_i die Koordinaten in der Ebene $\alpha = 0$ sind. $\qquad\square$

Übung. Stellen Sie die Matrix der Form $\sum dp_i \wedge dx_i$ auf und überzeugen Sie sich, daß die Form nicht entartet ist.

Diese Form heißt *schiefsymmetrisches Skalarprodukt*. Wir klären ihre geometrische Bedeutung.

Es sei $n = 1$. Dann ist $\omega = dx \wedge dp$. Der Wert dieser Form für ein Vektorpaar ist die orientierte Fläche des durch diese Vektoren aufgespannten Parallelogramms, Abb. 1.7. In höheren Dimensionen ist $\omega(\xi, \eta)$ die Summe der orientierten Flächeninhalte der Projektionen des durch ξ, η aufgespannten Parallelogramms auf die Ebenen mit den Koordinaten (x_i, p_i).

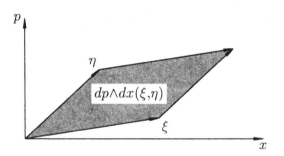

Abb. 1.7. Symplektische Struktur

Wir erinnern uns, daß es im euklidischen Raum den Begriff des orthogonalen Komplements gibt. Im n-dimensionalen Raum ist das orthogonale Komplement eines k-dimensionalen Unterraums ein $(n - k)$-dimensionaler Unterraum.

Zum Beweis dieser Tatsache benötigt man nur, daß das Skalarprodukt bilinear und nicht entartet ist, die Symmetrie wird nicht verwendet. Also gilt dasselbe auch für ein schiefsymmetrisches Skalarprodukt.

Somit ist das schieforthogonale Komplement einer $(2n-1)$-dimensionalen Ebene im $2n$-dimensionalen symplektischen Raum eine Gerade. Aber im Unterschied zum euklidischen Fall liegt sie in dieser Ebene!

Lemma. *Das schieforthogonale Komplement einer Hyperebene im symplektischen Raum ist eine Gerade, die in dieser Hyperebene liegt.*

BEWEIS. Die Gerade habe den Richtungsvektor ξ. Ihr schieforthogonales Komplement ist die Hyperebene $\{\eta : \omega(\xi,\eta) = 0\}$. Der Vektor ξ liegt in dieser Hyperebene, da $\omega(\xi,\xi) = -\omega(\xi,\xi) = 0$. $\qquad\square$

Definition. Als *charakteristische Richtung* in der Kontaktebene bezeichnet man das schieforthogonale Komplement des Durchschnittes der Kontaktebene und der Tangentialebene an Γ in einem regulären Punkt.

Dieses schieforthogonale Komplement ist eine Gerade. Somit gibt es eine invariante Kontaktstruktur und eine invariante Schieforthogonalitätsbeziehung in jeder Kontaktebene. Dadurch läßt sich in jedem regulären Punkt invariant eine charakteristische Richtung identifizieren (Abb. 1.8).

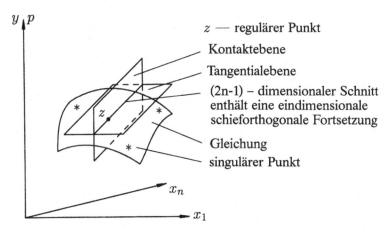

Abb. 1.8. Charakteristische Richtung für eine allgemeine Gleichung erster Ordnung

Als *Charakteristiken* bezeichnet man die Integralkurven dieses Richtungsfeldes.

Aufgabe 5. Bestimmen Sie das Feld der charakteristischen Richtungen in den Koordinaten x, y, p, d.h. geben Sie es als System von Differentialgleichungen $\dot{x} =?$, $\dot{y} =?$, $\dot{p} =?$ an.

Literatur

1. V. I. Arnold. *Gewöhnliche Differentialgleichungen, 3. Auflage, S. 130–140.* Springer-Verlag 2001.
2. V. I. Arnold. *Geometrical Methods in the Theory of Ordinary Differential Equations, 2nd edition, Chap. 2.* Band 250 der Grundlehren der Mathematischen Wissenschaften. Springer-Verlag, 1988.

Vorlesung 2. Allgemeine Theorie einer Gleichung erster Ordnung (Fortsetzung)

Wir untersuchen eine allgemeine partielle Differentialgleichung erster Ordnung $F(x, y, p) = 0$, wobei $x = (x_1, \ldots, x_n)$, $p = (p_1, \ldots, p_n)$, $p_i = \frac{\partial u}{\partial x_i}$, und $y = u(x)$ die unbekannte Funktion ist. Die Gleichung gibt eine $2n$-dimensionale Hyperfläche V^{2n} im Raum J^1 der 1-Jets von Funktionen in $(x_1, \ldots, x_n)$ vor. Jede differenzierbare Funktion besitzt einen 1-Graphen in J^1. Eine Funktion ist eine Lösung, wenn ihr 1-Graph Γ^n eine Untermannigfaltigkeit von V^{2n} ist.

In jedem Punkt von J^1 gibt es eine Kontaktebene K^{2n}, die in lokalen Koordinaten durch die Gleichung $dy = p\, dx$ gegeben ist. Geometrisch betrachtet, ist sie der Abschluß der Vereinigung aller Tangentialebenen an beliebige 1-Graphen durch diesen Punkt.

In den Punkten der Fläche V^{2n} schneiden sich die jeweilige Tangentialebene an V^{2n} und die Kontaktebene. Hat der Durchschnitt die Dimension $(2n - 1)$, so ist der Punkt regulär, andernfalls singulär. In allgemeiner Lage sind singuläre Punkte isoliert. In regulären Punkten z erhalten wir ein Feld $(2n - 1)$-dimensionaler Ebenen $(T_z V^{2n}) \cap K_z^{2n}$, die Unterräume der Kontaktebenen K_z^{2n} sind.

Jede Kontaktebene stellt einen symplektischen Raum dar, dessen symplektische Struktur durch die 2-Form $\omega^2 = d\alpha|_{K^{2n}}$ mit $\alpha = dy - p\, dx$ gegeben ist.

In Koordinaten haben wir $\omega^2 = dx \wedge dp := \sum_{i=1}^n dx_i \wedge dp_i$; hierbei sind (x, p) die Koordinaten auf der Kontaktebene.

Lemma. *Die Form ω^2 ist nicht entartet.*

BEWEIS. Die Matrix der Form hat in den Koordinaten $x_1, p_1, x_2, p_2, \ldots$ die Gestalt

$$\begin{pmatrix} 0 & 1 & & & & 0 \\ -1 & 0 & & & & \\ & & 0 & 1 & & \\ & & -1 & 0 & & \\ 0 & & & & \ddots & \end{pmatrix}.$$

Also definiert ω^2 in K^{2n} ein schiefsymmetrisches Skalarprodukt, und zu jedem Unterraum der Dimension m von K^{2n} ist ein schieforthogonales Komplement der Dimension $2n - m$ gegeben. Insbesondere ist das schieforthogonale Komplement des $(2n - 1)$ dimensionalen Schnitts $T_z V^{2n} \cap K_z^{2n}$ eindimensional. Diese Richtung heißt *charakteristisch für die Gleichung*.   □

Aufgabe 1. Zeigen Sie, daß die charakteristische Gerade in $T_z V^{2n} \cap K_z^{2n}$ liegt.

Wir stellen die Komponenten des charakteristischen Vektors explizit in den Größen der Gleichung dar. Es seien (x, y, p) Koordinaten in $T_z J^1$. Der charakteristische Vektor muß tangential zu V^{2n} sein. Indem wir die Gleichung differenzieren, erhalten wir die erste Bedingung

$$F_x \dot{x} + F_y \dot{y} + F_p \dot{p} = 0 \,. \tag{2.1}$$

Desweiteren muß der Vektor in der Kontaktebene liegen, woraus die zweite Bedingung folgt

$$\dot{y} = p \dot{x} \,. \tag{2.2}$$

Durch Elimination von $\dot{y}$ erhalten wir aus diesen beiden Gleichungen eine Gleichung für den $(2n - 1)$-dimensionalen Schnitt K^{2n-1} der Tangential- mit der Kontaktebene:

$$(F_x + F_y p) \dot{x} + F_p \dot{p} = 0 \,. \tag{2.3}$$

Diese Gleichung ist in den Koordinaten (x, p) geschrieben, die wir als Koordinaten in der Kontaktebene ansehen können, da diese umkehrbar eindeutig auf die (x, p)-Hyperebene in J^1 projiziert werden kann, Abb. 2.1.

Wir brauchen nur noch das schieforthogonale Komplement zu K^{2n-1} zu finden. Dieses Problem kann man im Prinzip algorithmisch lösen, indem man das entsprechende System linearer Gleichungen aufstellt; wir werden aber eine sehr nützliche Beobachtung verwenden.

Als Beispiel betrachten wir den Fall $n = 1$. In diesem Fall liefert das schiefsymmetrische Skalarprodukt $dx \wedge dp$ angewandt auf ein Paar von Tangentialvektoren $(\dot{x}, \dot{p}), (x', p')$ gerade die Determinante ihrer Koordinaten

$$dx \wedge dp \Big((\dot{x}, \dot{p}), (x', p') \Big) = \det \begin{pmatrix} \dot{x} & \dot{p} \\ x' & p' \end{pmatrix} = \dot{x} p' - x' \dot{p} \,.$$

Es erweist sich, daß das gleiche auch im allgemeinen Fall richtig ist, wenn man unter x und p Vektoren versteht und das Produkt als Skalarprodukt ansieht.

Aufgabe 2. Zeigen Sie, daß

$$\omega^2 \Big((\dot{x}, \dot{p}), (x', p') \Big) = \dot{x} p' - x' \dot{p} \,. \tag{2.4}$$

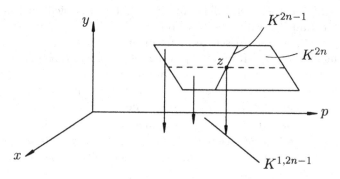

Abb. 2.1. Auf der Kontaktebene dienen x und p als Koordinaten.

Aber wir wollen nun noch einmal aufmerksam Gleichung (2.3) betrachten. Die linke Seite hat selbst die Gestalt (2.4), d.h. die Gleichung besagt, daß das schiefsymmetrische Skalarprodukt verschwindet. Deshalb erhalten wir sofort daraus den Vektor des schieforthogonalen Komplements zu K^{2n-1} als $p' = F_x + pF_y$, $x' = -F_p$. Allerdings wird traditionell der Vektor mit umgekehrtem Vorzeichen als charakteristisch bezeichnet. Als Resultat haben wir folgenden Satz bewiesen.

Satz 1. *Das charakteristische Feld ist das Richtungsfeld des Vektorfeldes*

$$x' = F_p, \quad p' = -(F_x + pF_y), \quad y' = pF_p \,.$$

(Die letzte Komponente ergibt sich aus (2.2).)

Wir stellen fest, daß das Feld durch die Funktion F selbst gegeben ist, und nicht etwa nur durch ihre Niveaufläche zum Niveau 0; damit ist es auf dem gesamten Raum J^1 gegeben.

Beispiel 1. Es sei F unabhängig von y. Die entsprechende Gleichung heißt *Hamilton-Jacobi-Gleichung*. Die traditionelle Schreibweise ist $F = H(x,p)$. Die Hamilton-Jacobi-Gleichung ist von der Form $H(x, \partial u/\partial x) = 0$. Die Gleichungen der Charakteristiken haben die Form

$$x' = \frac{\partial H}{\partial p} \,, \quad p' = -\frac{\partial H}{\partial x} \,, \quad y' = p\frac{\partial H}{\partial p} \,. \qquad (2.5)$$

Die ersten beiden Gleichungen sind die üblichen kanonischen Hamiltonschen Gleichungen (dadurch ist auch das Vorzeichen des charakteristischen Feldes festgelegt: Für die Hamiltonfunktion eines freien Teilchens der Masse 1 gilt $H = p^2/2$; mit dem gewählten Vorzeichen erhalten wir $x' = p$, d.h. der Impuls ist gleich der Geschwindigkeit).

Durch Projektion von System (2.5) auf den Unterraum mit den Koordinaten (x, p) erhalten wir ein gesondertes Gleichungssystem in diesem Raum. Dadurch erreichen wir eine Faktorisierung oder Aufspaltung der ursprünglichen

Gleichung (2.5). Dieses Vektorfeld im (x, p)-Raum läßt sich auch invariant ohne Rückgriff auf Koordinaten beschreiben. Die Fläche der ursprünglichen Gleichung in J^1 war zylindrisch, sie hing nicht von y ab. Eine solche Fläche läßt sich gut in den (x, p)-Raum projizieren. Das Hamiltonsche Feld ist überall definiert und nicht etwa nur auf der Nullniveaufläche von H. Die Funktion H läßt sich üblicherweise physikalisch als Energie interpretieren.

Ist beispielsweise $H = (p^2 - 1)/2$, so hat die Gleichung die Gestalt $p^2 = 1$ oder $\left(\frac{\partial u}{\partial x}\right)^2 = 1$. Dies ist die Eikonalgleichung der geometrischen Optik.

Das System der Charakteristikengleichungen $x' = p$, $p' = 0$ beschreibt die Bewegung von Teilchen auf geradlinigen Strahlen mit konstanter Geschwindigkeit, Abb. 2.2

Abb. 2.2. Die Charakteristiken der Eikonalgleichung.

Wenn auf einer Mannigfaltigkeit eine Riemannsche Metrik gegeben ist, so erweisen sich die Charakteristiken der Eikonalgleichung als Geodätische dieser Metrik.

Beispiel 2. Wir betrachten nun die Eulersche Gleichung $u_t + u u_x = 0$. Für $n = 2$ hat der Raum der 1-Jets die Dimension 5 und $F(t, x, y, p_t, p_x) = p_t + y p_x$. Wir stellen das System der Charakteristikengleichungen auf:

$$p_t' = -p_x p_t \,,$$
$$p_x' = -p_x^2 \,,$$
$$t' = 1 \,,$$
$$x' = y \,,$$
$$y' = p_t + p_x y \,=\, 0 \,.$$

Die ersten beiden Gleichungen sind die sogenannten adjungierten Evolutionsgleichungen der Ableitungen; mit diesen werden wir uns vorerst nicht auseinandersetzen. Wir beschäftigen uns mit den übrigen. Die Variable t hat die Bedeutung der Zeit. Die anderen beiden Gleichungen schreiben wir in der Form $dx/dt = y$, $dy/dt = 0$, so daß $d^2x/dt^2 = 0$, d.h. die Charakteristikengleichung ist die Newtonsche Gleichung (vgl. die vorangehende Vorlesung).

Jetzt verwenden wir die Charakteristiken zur Lösung der Gleichung im allgemeinen Fall.

Satz 2. *Es sei Γ^n der 1-Graph der Lösung. Trifft eine Charakteristik diesen Graphen, so liegt sie ganz in Γ^n, d.h. der Lösungsgraph läßt sich in Charakteristiken zerlegen.*

BEWEIS. In einem gegebenen regulären Punkt z sei ξ ein charakteristischer Richtungsvektor. Dann sind folgende Aussagen offensichtlich:

1. $T_z\Gamma^n \subset T_zV^{2n}$, da Γ eine Untermannigfaltigkeit von V^{2n} ist.
2. $T_z\Gamma^n \subset K_z^{2n}$ nach Definition von K_z^{2n} und damit $T_z\Gamma^n \subset (T_zV^{2n}) \cap (K_z^{2n})$. Der Raum $T_z\Gamma^n$ selbst hat Dimension n.
3. Alle Vektoren aus $T_z\Gamma^n$ sind paarweise schieforthogonal. Es ist nämlich $\alpha|_{\Gamma^n} = 0$, weil Γ^n ein 1-Graph ist; folglich gilt $d\alpha|_{\Gamma^n} = 0$, also $\omega^2|_{\Gamma^n} = 0$.
□

Übung. Überzeugen Sie sich, daß in Koordinatenschreibweise die Gleichung $\omega^2|_{\Gamma^n} = 0$ aus der Symmetrie der gemischten partiellen Ableitungen folgt.

Definition. Ein Unterraum eines symplektischen Raums, dessen Vektoren paarweise schieforthogonal sind, heißt *isotrop* (bei Lie „verrückt").

So ist zum Beispiel in der symplektischen Ebene jede Gerade isotrop.

Lemma. *Im $2n$-dimensionalen symplektischen Raum ist die Dimension eines isotropen Unterraums höchstens n.*

(Isotrope Unterräume maximaler Dimension existieren und heißen *Lagrangesche* Unterräume. Als Beispiel eines Lagrangeschen Unterraums können wir wieder eine Gerade in der symplektischen Ebene anführen.)

BEWEIS DES LEMMAS. Ein gegebener isotroper Unterraum habe die Dimension m. Wegen der Isotropie ist er enthalten in seinem schieforthogonalen Komplement. Also ist die Dimension dieses Komplements nicht kleiner als m. Wegen $2n - m \geq m$ folgt $m \leq n$, was zu zeigen war.   □

Nun kehren wir zu dem charakteristischen Vektor ξ im Punkt z zurück.

Feststellung. *Der Vektor ξ liegt in $T_z\Gamma^n$.*

Wir nehmen das Gegenteil an. Da ξ charakteristisch ist, folgt dann, daß ξ schieforthogonal zu $T_zV^{2n} \cap K_z^{2n}$ ist. Wegen obiger Aussage 2. ist daher ξ schieforthogonal zu $T_z\Gamma^n$. Mit 3. folgt aber nun, daß die lineare Hülle von ξ und $T_z\Gamma^n$ ein isotroper Unterraum der Dimension $n + 1$ ist, was im Widerspruch zum Lemma steht.

Somit ist die charakteristische Richtung in jedem Punkt tangential zum 1-Graphen der Lösung, d.h. die gesamte Charakteristik verläuft auf dem Graphen. Damit ist der Satz bewiesen.

Hieraus ergibt sich ein Rezept zur Konstruktion der 1-Graphen von Lösungen (wobei wir anmerken, daß wir die Existenz wenigstens einer Lösung noch gar nicht gezeigt haben.) Man nehme eine $(n-1)$-dimensionale isotrope Untermannigfaltigkeit der Fläche V^{2n}, die nicht tangential zu einer Charakteristik verläuft. Indem wir die Charakteristiken durch die Punkte dieser Untermannigfaltigkeit konstruieren, erhalten wir lokal den 1-Graphen der Lösung. Damit sich tatsächlich ein 1-Graph ergibt, muß sich die von der Tangentialebene an die isotrope Untermannigfaltigkeit und der charakteristischen Richtung aufgespannte Ebene eins zu eins in den x-Raum projizieren lassen.

Zur Konstruktion der isotropen Anfangsmannigfaltigkeiten gibt es eine Standardmethode. Im x-Raum betrachten wir eine $(n-1)$-dimensionale Fläche γ^{n-1}. Auf dieser sei eine Anfangsfunktion u_0 gegeben. Diese Größen setzen wir in die Gleichung ein und betrachten letztere nun als Gleichung bezüglich p. Die Ableitungen in den Richtungen der Tangenten an γ^{n-1} sind uns schon bekannt. Die Ableitung in der transversalen Richtung erhält man aus der Gleichung mit Hilfe des Satzes über implizite Funktionen, falls F'_p im gegebenen Punkt nicht tangential zur Hyperfläche γ^{n-1} ist. So erhalten wir eine $(n-1)$-dimensionale isotrope Anfangsuntermannigfaltigkeit; Daten dieser Art nennt man auch Cauchysche Anfangsdaten, Genaueres findet man in [2, Abschn. 8].

Satz 3. *Gegeben sei eine isotrope $(n-1)$-dimensionale Anfangsuntermannigfaltigkeit $V^{n-1} \subset V^{2n}$, die nicht tangential zu einer Charakteristik verläuft; die von ihrer Tangentialebene und der charakteristischen Richtung aufgespannte n-dimensionale Ebene lasse sich isomorph in den x-Raum projizieren. Durch die Punkte der Anfangsuntermannigfaltigkeit konstruieren wir die Charakteristiken. Dann erhalten wir lokal den 1-Graphen der Lösung (vgl. Abb 2.3).*

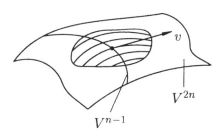

Abb. 2.3. Konstruktion des 1-Graphen einer Lösung

BEWEIS. Die Untermannigfaltigkeit V^{n-1} ist isotrop, d.h. $d\alpha|_{T_z V^{n-1}} = 0$. In einer Umgebung eines regulären Punktes z betrachten wir durch jeden Punkt die zugehörige Charakteristik. So erhalten wir eine n-dimensionale Untermannigfaltigkeit Γ^n ins V^{2n}. Wir zeigen, daß $d\alpha|_{\Gamma^n} = 0$. Dazu bezeichnen wir das Vektorfeld der charakteristischen Richtungen mit v. Nach der Homotopieformel gilt $L_v \alpha = i_v d\alpha + d(i_v \alpha)$, wobei $i_v d\alpha(\xi) := d\alpha(v, \xi)$ und $i_v \alpha = \alpha(v)$. Offensichtlich ist $i_v \alpha = 0$; außerdem gilt nach Definition der charakteristischen Richtung $i_v d\alpha(\xi) = d\alpha(v, \xi) = 0$ für jeden Tangential-vektor ξ an V^{2n}. Also verschwindet die Ableitung der Form in Richtung des Feldes v auf V^{2n} und der Phasenfluß des charakteristischen Feldes überführt die Form in sich. Das bedeutet, daß der Wert der Form in einem beliebigen Punkt gleich dem Wert derselben Form auf dem entsprechenden Vektor der Anfangsmannigfaltigkeit ist, wenn wir dem Phasenfluß rückwärts folgen.

Wir schließen, daß auch $d\alpha$ durch das Feld v in sich überführt wird. Im Anfangspunkt ist der Raum $T_z \Gamma^n$ isotrop (V^{n-1} ist isotrop und v ist charak-teristisch). Durch den Phasenfluß wird diese Eigenschaft in jeden Punkt z' der Mannigfaltigkeit Γ^n übertragen, so daß auch $T_{z'} \Gamma^n$ isotrop ist. Daher ist $\alpha|_{\Gamma^n} = 0$, was bedeutet, daß Γ^n eine Integraluntermannigfaltigkeit der Kon-taktstruktur ist. Es ist also Γ^n eine Legendresche Untermannigfaltigkeit und – nach Konstruktion – eine Untermannigfaltigkeit der Gleichung. Zu zeigen bleibt, daß sie lokal ein 1-Graph ist. Das klärt der folgende Satz.   □

Satz 4. *Eine n-dimensionale Fläche Γ^n im Raum der 1-Jets sei Legen-dresch (d.h. eine Integraluntermannigfaltigkeit der Kontaktstruktur) und las-se sich lokal eineindeutig auf den x-Raum projizieren. Dann handelt es sich lokal um einen 1-Graphen (s. Abb. 2.4).*

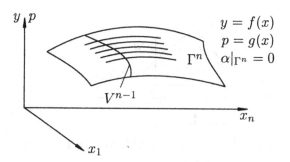

Abb. 2.4. Eine Integralfläche als 1-Graph

BEWEIS. Die Bedingung $\alpha|_{\Gamma^n} = 0$, die besagt, daß Γ^n Legendresch ist, schreiben wir explizit und erhalten

$$\left(\sum_{i=1}^{n} \frac{\partial f}{\partial x_i} \, dx_i - \sum_{i=1}^{n} g_i \, dx_i = 0 \right) \quad \Rightarrow \quad \left(g_i = \frac{\partial f}{\partial x_i} \right),$$

da die x_i lokale Koordinaten auf Γ^n sind. Dies aber besagt gerade, daß Γ^n ein 1-Graph ist.   □

Beispiel. Wir lösen das Cauchyproblem für die Eulersche Gleichung $u_t + u u_x = 0$. Als Anfangskurve in der (x, t)-Ebene wählt man üblicherweise die Gerade $t = 0$. Als Anfangsfunktion geben wir uns $y = u_0(x)$ vor, Abb. 2.5.

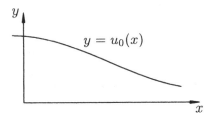

Abb. 2.5. Anfangsbedingung für die Eulersche Gleichung

Die Charakteristikengleichungen sind

$$t' = 1 , \quad y' = 0 , \quad x' = y ;$$

die Transversalitätsbedingungen sind erfüllt. Man beachte, daß für eine quasilineare Gleichung alles im Raum J^0 untersucht werden kann, da die Charakteristiken einer quasilinearen Gleichung in J^0 Projektionen der „echten" Charakteristiken in J^1 sind Abb. 2.6.

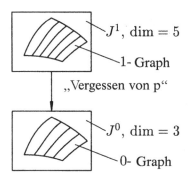

Abb. 2.6. Die Charakteristiken einer quasilinearen Gleichung in J^0 sind Projektionen der Charakteristiken in J^1.

Folglich untersuchen wir den 0-Graphen in J^0. In der (x, y)-Ebene zeichnen wir eine Folge von Schnitten der Graphen für konstante t, Abb. 2.7. Die Werte der Lösung in den aufeinanderfolgenden Zeitpunkten ergeben sich durch Verschiebung der Anfangswerte entlang der Charakteristiken.

Wir sehen daß ab einem gewissen Zeitpunkt die Kurve keinen Graphen mehr darstellt. Die Integralfläche läßt sich nicht mehr umkehrbar eindeutig in

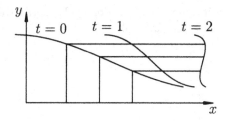

Abb. 2.7. Die Graphen der Lösung der Eulerschen Gleichung in aufeinanderfolgenden Zeitpunkten

die (x, t)-Ebene projizieren. Die Kurve der kritischen Punkte der Projektion hat eine Spitze, Abb. 2.8.

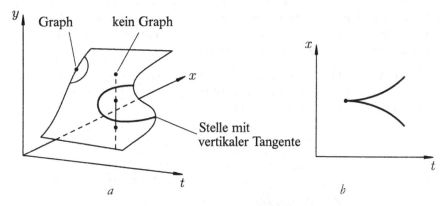

Abb. 2.8. a) Die Integralfläche ist kein Graph mehr. b) Die Kurve der kritischen Punkte der Projektion

Physikalisch beschreibt die Eulersche Gleichung die Evolution der Geschwindigkeiten unabhängiger Teilchen. Dieses Modell ist beispielsweise geeignet zur Beschreibung von Sternenströmen (stellar streams). Die Verletzung der Eindeutigkeit von Lösungen kann man behandeln als sich gegenseitig frei durchdringende verschiedene Flüsse.

Andererseits beginnen die Teilchen bei höheren Dichten zusammenzustoßen, und nach einiger Zeit ist die Eulersche Gleichung nicht mehr erfüllt. Sie wird ersetzt durch eine andere Gleichung, in der die Wechselwirkung berücksichtigt wird, etwa die Burgerssche Gleichung $u_t + u u_x = \varepsilon u_{xx}$. Für kleine ε nähern ihre Lösungen bis zu einem kritischen Zeitpunkt diejenigen der Eulerschen Gleichung an; für große Zeiten haben sie aber den Typ von Stoßwellen:

Der Graph von u ist in einer kleinen (der Ordnung ε) Umgebung des sich bewegenden Punktes fast vertikal Abb. 2.9.

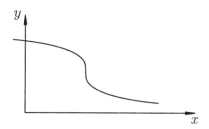

Abb. 2.9. Lösung vom Typ einer Stoßwelle

Rechts und links von diesem Punkt sind die Lösungen wieder nah an den Lösungen der Eulerschen Gleichung. Bemerkenswerterweise läßt sich die Burgerssche Gleichung explizit lösen – sie läßt sich auf eine Wärmeleitungsgleichung transformieren, die wir später betrachten.

Bemerkung. Der 1-Graph der Lösung einer Gleichung erster Ordnung besteht aus den Charakteristiken der Hyperfläche, durch die die Gleichung im Raum der 1-Jets definiert ist, Abb. 2.10.

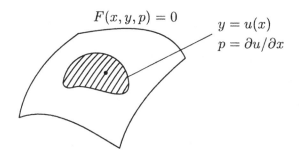

Abb. 2.10. Der 1-Graph einer Lösung im Raum der 1-Jets

Somit haben wir eine Feldgleichung auf Gleichungen der Bewegung von Teilchen transformiert. Aber – wie Jacobi bemerkt hat – man kann den Satz auch umgekehrt anwenden und Gleichungen der Bewegung von Teilchen auf eine Feldgleichung transformieren. Das ist nützlich, da sich Systeme von Gleichungen, die die Bewegung von Teilchen beschreiben, in der Regel nicht explizit lösen lassen.

Wenn wir wenigstens eine Lösung der Feldgleichung (der partiellen Differentialgleichung) finden, so kennen wir eine Legendresche Untermannigfaltigkeit, die aus Charakteristiken besteht. Finden wir noch eine Lösung der Feldgleichung, so ergibt sich noch eine Bedingung an die Charakteristiken, und die Dimension des Schnitts mit der Integralmannigfaltigkeit erniedrigt sich um 1. Wenn es gelingt, hinreichend viele Lösungen zu finden, so verringern wir nach und nach die Dimension der Integralmannigfaltigkeit. Wenn eine hinreichend große (aber endlichparametrisierte) Familie von Lösungen der Feldgleichung bekannt ist, dann kann man alle Charakteristiken bestimmen, indem man die entsprechenden Legendreschen Mannigfaltigkeiten so lange miteinander schneidet, bis eine (eindimensionale) Charakteristik übrigbleibt.

Das ist die Methode von Jacobi zur Lösung gewöhnlicher Differentialgleichungen, indem man diese als Charakteristikengleichungen einer geeigneten partiellen Differentialgleichung darstellt.

Jacobi hat diese Methode zur Lösung Hamiltonscher Systeme angewandt, also des Systems von Charakteristikengleichungen der Hamilton-Jacobi-Gleichung (F hängt nicht explizit von y ab). Als Resultat ergab sich zum Beispiel der berühmte Satz von Liouville über die Integration Hamiltonscher Systeme, für die ein vollständiges System von Integralen in Involutionen bekannt ist.

Es ist weiterhin bemerkenswert, daß es möglich war, diese Methode auf partielle Differentialgleichungen zu übertragen. Dazu muß man letztere als unendlichdimensionale Hamiltonsche Systeme auffassen. Auf diese Weise gelang es, die berühmten Gleichungen von Sine Gordon, Korteweg-de-Vries und andere zu integrieren (vgl. [2]).

Aber aus unseren Bemerkungen folgt, daß Jacobis Methode auf eine allgemeinere Klasse von Systemen als die Hamiltonschen anwendbar ist, und zwar auf diejenigen, die Charakteristikengleichungen irgendeiner geeigneten partiellen Differentialgleichung sind. Natürlich ist es manchmal schwierig, einem konkreten Vektorfeld anzusehen, ob es sich um Charakteristikengleichungen irgendeiner Gleichung handelt. Die zugehörige Theorie ist, so scheint es, bis heute nicht entwickelt worden, jedenfalls kenne ich keine Anwendungen auf physikalisch interessante Anwendungen.

Literatur

1. V. I. Arnold. *Geometrical Methods in the Theory of Ordinary Differential Equations, 2nd edition.* Band 250 der Grundlehren der Mathematischen Wissenschaften. Springer-Verlag, 1988.
2. V. I. Arnold. *Mathematische Methoden der klassischen Mechanik.* Birkhäuser Verlag, Basel, 1988.

Vorlesung 3. Das Huygenssche Prinzip in der Theorie der Wellenausbreitung

Wir betrachten die Raum-Zeit $M^{n+1} = B^n \times \mathbb{R}$, wobei B^n der „physikalische Raum" und $\mathbb{R}$ die „Zeitachse" ist. (Das meiste des folgenden läßt sich übertragen auf den Fall einer Faserung $M^{n+1} \to \mathbb{R}$ über der Zeitachse und vieles auch auf den Fall, wenn die Rolle der Zeit eine Blätterung in Isochronen oder gar die Nullstellen einer nicht geschlossenen Differentialform „dt" auf M spielen).

In der geometrischen Optik (und genauso in der Variationsrechnung und der Theorie der Optimalsteuerung) ist in jedem Punkt der Mannigfaltigkeit M ein *Kegel der zulässigen Geschwindigkeiten der Bewegung* gegeben.

Beispiel. Es sei B eine Riemannsche Mannigfaltigkeit. Die Graphen aller möglichen „Bewegungen" mit Geschwindigkeit 1 berühren in jedem Punkt den quadratischen Kegel (der auch die Riemannsche Metrik definiert) $\|dq\| = |dt|$. Somit ist M ausgestattet mit einem Feld Lorentzscher quadratischer Kegel.

Die Tangentialebenen des Kegels der zulässigen Richtungen in einem Scheitelpunkt m liegen im projektiven Kotangentialraum an M in diesem Punkt, d.h. $PT_m^* M \approx \mathbb{R}P^n$.

Häufig ist es nützlich, diese Tangentialebenen mit Koorientierungen zu versehen (die die Ausbreitungsrichtung der Erregung angeben). Die orientierten Tangentialebenen des Kegels der zulässigen Geschwindigkeiten in einem Scheitelpunkt m liegen im sphärischen Kotangentialraum $ST_m^* M$ an die Raum-Zeit M. Dieser Raum ist diffeomorph zur Sphäre S^n.

(Koorientierte) Hyperebenen im Tangentialraum an eine Mannigfaltigkeit heißen *(koorientierte) Kontaktelemente* der Mannigfaltigkeit. Sie bilden die Mannigfaltigkeit des Bündels der (koorientierten) Kontaktelemente $PT^* M \to M$ ($ST^* M \to M$) mit den Fasern $\mathbb{R}P^n$ (S^n), wobei $n = \dim M - 1$.

Auf diese Weise definiert der Kegel der zulässigen Geschwindigkeiten eine Hyperfläche in der Mannigfaltigkeit der (womöglich koorientierten) Kontaktelemente der Raum-Zeit. Diese heißt Fresnelsche Hyperfläche in der geometrischen Optik. Sie ist das zentrale Objekt der geometrischen Optik, der Variationsrechnung und der Theorie der optimalen Steuerung.

Bemerkung. Die Vektoren des zum Raum der Geschwindigkeiten dualen Raums heißen in der Theorie der Wellenausbreitung häufig *reziproke Geschwindigkeiten*[1].

Die oben konstruierte Hyperfläche kann als Feld von Kegeln im Raum T^*M der reziproken Geschwindigkeiten der Raum-Zeit beschrieben werden.

Auf (koorientierten und nicht koorientierten) Mannigfaltigkeiten von Kontaktelementen beliebiger Mannigfaltigkeiten gibt es eine bemerkenswerte geometrische Struktur, die Kontaktstruktur. Hierbei handelt es sich um ein Feld von Hyperebenen in den Tangentialräumen der Mannigfaltigkeit der Kontaktelemente, das invariant durch die Faserung der Mannigfaltigkeit der Kontaktelemente über der Ausgangsmannigfaltigkeit gegeben ist.

Ein solches Feld existiert und ist eindeutig; es heißt *tautologisch* und ergibt sich durch folgende Konstruktion. Jeder Punkt der Mannigfaltigkeit von Kontaktelementen auf M ist eine Hyperebene im Tangentialraum von M. Das Urbild dieser Hyperebene unter der Projektion der Kontakmannigfaltigkeit auf die Ausgangsmannigfaltigkeit M ist gerade die Hyperebene des tautologischen Feldes im betrachteten Punkt

Bemerkung. Die tautologische Kontaktstruktur bestimmt eine Bedingung an die Bewegungsgeschwindigkeit eines Kontaktelements. Diese Bedingung heißt *Schlittschuhbedingung*. Sie besagt, daß ein Schlittschuh (also das Kontaktelement auf einer Eisfläche) sich frei auf der Stelle drehen und sich auch in der durch ihn vorgegebenen Richtung bewegen kann; aber er widersetzt sich einer Bewegung quer zu dieser Richtung.

Wir betrachten die Integralmannigfaltigkeiten einer tautologischen Kontaktstruktur.

Beispiel 1. Für jede Hyperfläche in M bilden die sie berührenden Kontaktelemente eine Integralmannigfaltigkeit mit tautologischer Kontaktstruktur in PT^*M (oder in ST^*M, falls sie koorientiert sind). Die Dimension dieser Integralmannigfaltigkeit ist ein klein wenig (um $1/2$) kleiner als die halbe Dimension der Mannigfaltigkeit der Kontaktelemente.

Beispiel 2. Alle Kontaktelemente, die eine gegebene Hyperfläche M berühren, bilden eine Integralmannigfaltigkeit mit tautologischer Kontaktstruktur in PT^*M (oder in ST^*M) und derselben Dimension wie im vorigen Beispiel.

Beispiel 3. Für eine beliebige Untermannigfaltigkeit (beliebiger Dimension) von M bilden die sie berührenden Kontaktelemente eine Integraluntermannigfaltigkeit von M mit tautologischer Kontaktstruktur in PT^*M (oder in ST^*M) und derselben Dimension wie in den vorigen Beispielen.

---

[1] Hamilton prägte die Bezeichnung „vectors of slowness" (Anm. d. Übers.)

Aufgabe 1. Zeigen Sie, daß die Mannigfaltigkeit der Kontaktelemente auf M^{n+1} mit ihrer tautologischen Kontaktstruktur keine Integraluntermannigfaltigkeit besitzt, deren Dimension größer als n ist.

Aufgabe 2. Besitzt die Mannigfaltigkeit der Kontaktelemente auf M^{n+1} glatte Integraluntermannigfaltigkeiten mit tautologischer Kontaktstruktur, die sich nicht auf die in Beispiel 3 beschriebene Art konstruieren lassen?

HINWEIS. Betrachten Sie die Kontaktelemente, die die semikubische Parabel $x^2 = y^3$ in der Ebene ($n = 1$) berühren.

Definition. Integralmannigfaltigkeiten maximaler Dimension (n in einer Kontaktmannigfaltigkeit der Dimension $2n + 1$) heißen *Legendresch*.

Satz 1 (Theorie der Stützfunktionen). *Die Mannigfaltigkeit der 1-Jets von Funktionen auf der Sphäre S^{n-1} im $\mathbb{R}^n$ (mit seiner Standard-Kontaktstruktur) ist kontakt-diffeomorph zur Mannigfaltigkeit der koorientierten Kontaktelemente des $\mathbb{R}^n$ (mit seiner tautologischen Kontaktstruktur).*

BEWEIS. Mit $q \in S^{n-1} \subset \mathbb{R}^n$ bezeichnen wir einen Punkt der Einheitssphäre im euklidischen Raum. Die Tangentialvektoren an die Sphäre in q kann man ansehen als zu q orthogonale Vektoren des $\mathbb{R}^n$. Genauso kann man sie als Kotangentialvektoren ansehen, da die euklidische Struktur einen Vektor p mit der linearen Funktion $(p, \cdot)$ identifiziert. Somit ist ein 1-Jet einer Funktion f auf S^{n-1} durch ein Tripel ($q \in S^{n-1}, p = df|_q, z = f(q)$) gegeben.

Der gesuchte Diffeomorphismus ist definiert durch

$$Q = q + pz, \quad P = q,$$

wobei Q der Anheftungspunkt des Kontaktelements im $\mathbb{R}^n$ ist, das durch den dazu normalen Vektor P koorientiert ist. □

Aufgabe. Zeigen Sie, daß 1) dies wirklich ein Diffeomorphismus ist, also $(J^1(S^{n-1}, \mathbb{R}) \approx ST^*\mathbb{R}^n (\approx S^{n-1} \times \mathbb{R}^n))$;
2) diese Abbildung die Standard-Kontaktstruktur in J^1 auf die tautologische Kontaktstruktur in ST^* transformiert.

HINWEIS. Untersuchen Sie, wohin die Legendresche Mannigfaltigkeit abgebildet wird.

Bemerkung. Der Abstand vom Ursprung des Koordinatensystems zu der zu q orthogonalen Tangentialebene einer konvexen Fläche heißt *Wert der Stützfunktion* die durch die Hyperfläche im Punkt $q \in S^{n-1}$ gegeben ist. Die Stützfunktion ist auf der Sphäre der (äußeren) Normalen definiert und beschreibt eine Hyperfläche.

Eine auf der Sphäre definierte Funktion beschreibt eine Hyperfläche im Raum (die Einhüllende der zu dieser Funktion gehörenden Familie von Hyperflächen). Diese Hyperfläche kann aber Singularitäten haben.

Aufgabe. Untersuchen Sie die durch die Funktionen $x^2 + 2y^2 + t$ auf dem Rand des Einheitskreises $x^2 + y^2 = 1$ definierten Kurven.

Wir kehren nun zur Fresnelschen Hyperfläche der reziproken Geschwindigkeit der Fronten zurück, die in der Mannigfaltigkeit ST^*M^{n+1} der koorientierten Kontaktelemente der Raum-Zeit enthalten ist.

Definition. Als *Strahlen* (auf dieser Hyperfläche) bezeichnen wir ihre Charakteristiken (d.h. die Integralkurven des Feldes der charakteristischen Richtungen der Hyperfläche).

Es sei daran erinnert, daß die charakteristische Richtung der Hyperfläche in einem Punkt der Mannigfaltigkeit mit Kontaktstruktur (definiert als Feld der Nullstellen einer differenzierbaren 1-Form α) gegeben ist durch das schieforthogonale Komplement (im Sinne der symplektischen Struktur $d\alpha$ auf der Ebene $\alpha = 0$ in jedem Punkt) zum Schnitt der Tangentialhyperebene an die Hyperfläche mit der Tangentialhyperebene der Kontaktstruktur.

Beispiel. Es seien $(q_1, \ldots, q_n)$ die Koordinaten im „physikalischen" Raum B^n, $q_0 = t$ die Zeit und $(p_0, p_1, \ldots, p_n)$ die entsprechenden Komponenten des Moments. Die tautologische Kontaktstruktur ist lokal durch die 1-Form $\alpha = p_0\, dq_0 + p_1\, dq_1 + \ldots + p_n\, dq_n$ gegeben, wobei $[p_0 : p_1 : \ldots : p_n]$ homogene Koordinaten im $\mathbb{R}P^n$ sind und $q_0 = t$, oder in affinen Koordinaten mit $p_0 = -1$ durch $\alpha = -dt + p_1\, dq_1 + \ldots + p_n\, dq_n$. Die Hyperfläche der reziproken Geschwindigkeiten ist durch die Gleichung

$$p_0 = H(p_1, \ldots, p_n; q_1, \ldots, q_n, t)\,,$$

gegeben, wobei H eine homogene Funktion in den p_i vom Grad 1 ist. Die Charakteristikengleichung hat die Gestalt

$$\frac{dp_i}{dt} = -\frac{\partial H}{\partial q_i}\,, \quad \frac{dq_i}{dt} = \frac{\partial H}{\partial p_i} \qquad (i = 1, \ldots, n)\,.$$

Die Strahlen werden also durch eine Hamiltongleichung definiert, wobei sich die Hamiltonfunktion aus der Hyperebene der reziproken Geschwindigkeiten ergibt.

Wir betrachten nun die Geometrie der Wellenausbreitung in einem Medium, in dem die lokale Geschwindigkeit der Ausbreitung einer Erregung durch eben diese Hyperfläche der reziproken Geschwindigkeiten im Raum der Kontaktelemente der Raum-Zeit gegeben ist.

Ein typisches Beispiel ist die Familie der Äquidistanten einer Untermannigfaltigkeit in einer Riemannschen Mannigfaltigkeit. Die Hyperfläche der reziproken Geschwindigkeiten definiert eine Hyperfläche zweiter Ordnung in jedem projektiven Kotangentialraum der Raum-Zeit. Eine Familie von Äquidistanten (d.h. von Hyperflächen, die den Abstand t von einer gegebenen

Anfangshyperfläche im physikalischen Raum haben) kann man auch als eine Hyperfläche in der Raum-Zeit auffassen (deren Schnitte mit verschiedenen Isochronen t = const gerade die gesamte Familie der Äquidistanten liefern). Analog definiert man eine *große Front*, die die Ausbreitung von Erregungsfronten durch eine Hyperfläche in der Raum-Zeit mit einer allgemeineren Hyperfläche von reziproken Geschwindigkeiten in der Mannigfaltigkeit der Kontaktelemente der Raum-Zeit beschreibt.

Wir betrachten die Kontaktelemente der Raum-Zeit, die die große Front berühren. Sie alle liegen in der Hyperfläche der reziproken Geschwindigkeiten (darin besteht gerade das lokale Gesetz der Ausbreitung von Erregungen). Offensichtlich gilt folgendes.

Proposition. *Die Kontaktelemente, die die große Front berühren, bilden eine Legendresche Untermannigfaltigkeit der tautologischen Kontaktstruktur des Raums der Kontaktelemente der Raum-Zeit. Diese läßt sich auf die große Front projizieren und liegt in der Hyperebene der reziproken Geschwindigkeiten.*

Wir betrachten nun die Anfangsbedingung, die durch die momentane Erregungsfront zum Zeitpunkt $t = 0$ gegeben ist. Diese Front definiert eine Untermannigfaltigkeit der Kodimension 1 in der großen Front, die zugleich eine Integralmannigfaltigkeit bezüglich der tautologischen Kontaktstruktur der Kontaktmannigfaltigkeit der Raum-Zeit ist; sie ist aber nicht Legendresch, da ihre Dimension um 1 zu klein ist.

Diese Anfangsintegraluntermannigfaltigkeit besteht aus den Kontaktelementen der Raum-Zeit, die tangential zur Anfangsfront liegen und zudem der Hyperfläche der reziproken Geschwindigkeiten angehören. Gerade die letzte Bedingung erlaubt (unter den entsprechenden Nichtentartungsvoraussetzungen), aus der einparametrischen Familie von Kontaktelementen der Raum-Zeit, die den Tangentialraum an die Anfangsfront im gegebenen Punkt enthalten, dasjenige Kontaktelement der Raum-Zeit auszuwählen, das tangential zum Kegel der zulässigen Geschwindigkeiten liegt.

Die Grundlage der gesamten Theorie der Ausbreitung von Erregungen bildet folgende einfache und allgemeine Aussage aus der Kontaktgeometrie (die im wesentlichen von Huygens entdeckt wurde und deshalb den Namen „Huygenssches Prinzip" verdient).

Satz 2. *Eine Legendresche Untermannigfaltigkeit einer Hyperfläche im Kontaktraum enthält mit jedem Punkt auch die gesamte Charakteristik dieser Fläche durch den betrachteten Punkt.*

Hierbei wird vorausgesetzt, daß die Tangentialebene an die Hyperfläche nirgends mit der Kontaktebene $\alpha = 0$ übereinstimmt.

BEWEIS. Entlang der Legendreschen Mannigfaltigkeit ist $\alpha = 0$, deshalb gilt auf ihrer Tangentialebene $d\alpha = 0$. Es sei ξ der Vektor der charakteristischen Richtung. Dieser liegt ist schieforthogonal zu der Tangentialebene und muß daher bereits darin enthalten sein. Andernfalls wäre der von ξ und der Tangentialebene an die Legendresche Mannigfaltigkeit aufgespannte Raum eine zu sich selbst schieforthogonale Ebene im symplektischen linearen Raum $\alpha = 0$, deren Dimension größer wäre als die halbe Dimension des Raums. Das kann nicht sein. Also verlaufen die charakteristischen Richtungen tangential zur Legendreschen Mannigfaltigkeit, und genau das war zu zeigen. $\square$

Folgerung. *Die zu der der großen Front gehörige Legendresche Mannigfaltigkeit erhält man aus der Anfangsbedingung durch folgende Konstruktion. Die Anfangsfront wird auf die Integralmannigfaltigkeit des Raums der Kontaktelemente der Raum-Zeit gehoben, die in der Hyperfläche der reziproken Geschwindigkeiten liegt. Dann betrachtet man die Charakteristiken dieser Hyperfläche, die durch die Punkte der konstruierten Integralmannigfaltigkeit verlaufen. Diese bilden eine Legendresche Mannigfaltigkeit. Ihre Projektion in die Raum-Zeit ist die große Front. Die Schnitte der großen Front mit den Isochronen $t = $ const bilden die momentanen Fronten.*

So beschreibt man die Ausbreitung von Erregungen mit Hilfe von Wellen (Fronten) und Strahlen (Charakteristiken).

Da die Charakteristiken durch gewöhnliche Differentialgleichungen gegeben sind, wird jede einzelne durch einen ihrer Punkte festgelegt. Für völlig verschiedenen Anfangsbedingungen, bei denen lediglich die Tangentialebenen der Anfangsfronten in einem Punkt im Anfangsmoment gleich sind, stimmen auch die entsprechenden Charakteristiken überein. Physikalisch bedeutet das, daß sich unendlich kleine Stücke der Wellenfront (entlang der Charakteristiken) unabhängig voneinander ausbreiten. Daher bieten sich zur Beschreibung der Ausbreitung von Fronten (also Wellen, die durch partielle Differentialgleichungen definiert sind) auch Teilchen an (deren Bewegung durch gewöhnliche Differentialgleichungen beschrieben wird, genauer durch Hamiltonsche Gleichungen für die Charakteristiken einer Hyperfläche der reziproken Geschwindigkeiten).

Insbesondere läßt sich als Anfangsbedingung sogar eine Punktfront wählen (diese entspricht einer Legendreschen Mannigfaltigkeit, die eine Faser des Bündels von Kontaktelementen bildet). Der Satz ist auch in diesem Fall anwendbar (obwohl der Fall im Hinblick auf die obige Folgerung entartet zu sein scheint).

Einer punktförmigen Anfangsfront entspricht eine „sphärische" Welle. Vergleichen wir die Ausbreitung von Erregungen aus einer beliebigen Anfangsfront mit der Ausbreitung von Erregungen aus einer der sie erzeugenden Punktquellen, so sehen wir, daß die entsprechenden Legendreschen Mannigfaltigkeiten eine gemeinsame Charakteristik enthalten. Die momentane Front berührt also in aufeinanderfolgenden Zeitpunkten die sphärische Front aus der ursprünglichen Punktquelle in einem Punkt des Strahls, der aus der Quelle in die durch die Anfangsfront definierte Richtung ausgeht.

Daraus folgt, daß die momentane Front zum Zeitpunkt t eine Einhüllende der Familie der sphärischen Fronten aus Punktquellen entlang der Ausgangsfront sind. Das ist die ursprüngliche Formulierung des Huygensschen Prinzips (das in verschiedenen Bereichen der Mathematik unter verschiedenen Namen bekannt ist: Pontryaginsches Prinzip, kanonische Hamiltongleichungen usw.).

Übrigens sind die Charakteristikengleichungen nichts anderes als eine infinitesimale Variante der Huygensschen Aussage über die Einhüllende, wobei unendlich kleine t und folglich unendlich kleine sphärische Fronten betrachtet werden.

Selbstverständlich wurde bei der oben dargelegten geometrischen Theorie vorausgesetzt, daß die jeweils benötigten Determinanten nicht Null sind, so daß der Satz über implizite Funktionen angewandt werden kann. Beispielsweise darf das Feld der Lorentzschen Kegel nirgends tangential zu einer Isochronen $t = \text{const}$ verlaufen. Man zeigt leicht, daß in solchen Beispielen wie Problemen der Riemannschen Geometrie sogar mit zeitabhängiger Metrik diese Voraussetzungen automatisch erfüllt sind. In anderen Problemen, etwa der Theorie der optimalen Steuerung, ist die Situation häufig komplizierter, und die Notwendigkeit Singularitäten zu untersuchen, die auftreten, wenn die Determinanten verschwinden, bereitet die hauptsächliche Schwierigkeit.

Die Tatsache, daß die Charakteristiken durch die Punkte der Anfangsintegralmannigfaltigkeit eine Legendresche Mannigfaltigkeit bilden, erfordert einen Beweis. Wir wollen uns mit diesem nicht aufhalten, da er analog zu dem gezeigten Beweis von Satz 3 in Vorlesung 2 geht.

Vorlesung 4. Die Saite (Methode von d'Alembert)

Wir betrachten eine Saite (man kann sich eine reale Saite eines Musikinstruments vorstellen, die über einen Rahmen gespannt ist, Abb. 4.1).

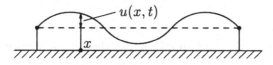

Abb. 4.1. Eine Saite

Es sei $u(x,t)$ die Auslenkung der Saite an der Stelle x zum Zeitpunkt t aus der Gleichgewichtslage in orthogonaler Richtung. Ist die Saite homogen und die Auslenkung klein im Vergleich zur Länge der Saite, so genügt die Funktion $u(x,t)$ bekanntlich der linearen partiellen Differentialgleichung zweiter Ordnung

$$u_{tt} = a^2 u_{xx} \, . \tag{4.1}$$

Mit der Herleitung dieser Gleichung wollen wir uns in dieser Vorlesung nicht beschäftigen. Es ist hier a eine Konstante, die die physikalische Bedeutung einer Geschwindigkeit hat, wie wir später beweisen werden.

§ 1. Die allgemeine Lösung

Aufgabe 1. Zeigen Sie, daß die Variablensubstitution

$$\xi = x - at, \quad \eta = x + at$$

Gleichung (4.1) auf die Form

$$u_{\xi\eta} = 0 \tag{4.2}$$

bringt. (Für $a = 1$ bedeutet diese Substitution die Komposition einer Drehung und einer Streckung in der Ebene der unabhängigen Variablen.)

Gleichung (4.2) ist leicht zu lösen: Wir schreiben sie als $(u_\xi)_\eta = 0$, was bedeutet, daß u_ξ unabhängig von η ist, also konstant entlang vertikaler Geraden in der (ξ, η)-Ebene, Abb. 4.2.

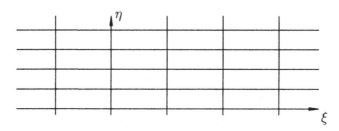

Abb. 4.2. Die Charakteristiken der Saitengleichung

Folglich ist $u_\xi = f(\xi)$, d.h. die Differentialgleichung reduziert sich zu der einfachen Gleichung $F' = f$ mit der Lösung $u = \int f(\xi)\, d\xi = F(\xi) + G(\eta)$; wir bemerken, daß die Integrationskonstante von der Geraden, entlang welcher integriert wird, also von η, abhängt.

Verlangen wir, daß alle Funktionen, die in diesen Rechnungen auftreten, stetig sind, so erhalten wir die allgemeine Lösung vom Typ $f(\xi) + g(\eta)$, wobei f glatt und g stetig ist. Wir haben also eine „Lösung" gefunden, die überhaupt nicht differenzierbar ist! Wenn wir außerdem die Integrationsreihenfolge in der Herleitung vertauschen, so erhalten wir eine Asymmetrie bezüglich der Glattheit. Die Symmetrie der gemischten Ableitungen besteht aber nur unter hinreichenden Glattheitsvoraussetzungen. Diese Beobachtung dient als Anlaß zur Einführung verallgemeinerter Funktionen, in deren Klasse Lösungen der Form $f(\xi) + g(\eta)$ betrachtet werden können, wobei f und g nicht glatt sind.

In dieser Vorlesung nehmen wir an, daß es eine Lösung in der Klasse der hinreichend glatten Funktionen gibt, so daß auch f und g hinreichend glatt sind.

Somit ist $u(x,t) = f(x - at) + g(x + at)$ die allgemeine Lösung von (4.2).

§ 2. Randwertprobleme und das Cauchyproblem

Das Cauchyproblem verdeutlicht Ähnlichkeit und Unterschied zwischen den Theorien der gewöhnlichen und den partiellen Differentialgleichungen. In der Theorie der gewöhnlichen Differentialgleichungen ist der Phasenraum endlichdimensional, wir werden hier aber mit einem unendlichdimensionalen Phasenraum zu tun haben.

Das Cauchyproblem für die Saite besteht aus Gleichung (4.1) zusammen mit der Anfangsbedingung

$$u|_{t=0} = \varphi(x) \, , \quad u_t|_{t=0} = \psi(x) \, . \tag{4.3}$$

Den Wert der zweiten Ableitung im Anfangszeitpunkt braucht man nicht vorzugeben, da dieser aus der Gleichung bestimmt werden kann.

Wir gehen davon aus, daß $x \in \mathbb{R}$, die Saite also unendlich lang ist. Dieses Modell liefert eine gute Näherung an die physikalische Realität, wenn wir nur im Vergleich zur Länge der Saite kleine Auslenkungen auf kleinen Zeitabschnitten betrachten.

Das erste Randwertproblem besteht aus Gleichung (4.1) für $x \in]0, l[$, den Anfangsbedingungen (4.3) und den Randbedingungen

$$u|_{x=0} = u|_{x=l} = 0 \, , \tag{4.4}$$

die ausdrücken, daß die Saite an den Enden eingespannt ist.

Dieses Problem beschreibt auch Längsschwingungen eines an den Enden eingespannten Stabs, wobei nun $u(x,t)$ für die Verschiebung des Punktes x des Stabs aus der Gleichgewichtslage zum Zeitpunkt t steht, Abb 4.3.

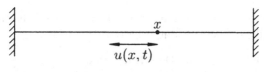

Abb. 4.3. Ein Stab

Man kann Schwingungen des Stabs mit einem oder zwei freien Enden betrachten, was durch die Bedingung

$$u_x|_{x=0} = 0 \quad \text{oder} \quad u_x|_{x=l} = 0 \tag{4.5}$$

ausgedrückt wird. Diese Bedingungen lassen sich zum dritten und vierten Randwertproblem kombinieren.

Beim vierten Randwertproblem betrachtet man periodische Randbedingungen

$$u(x,t) = u(x + l, t) \, , \tag{4.6}$$

wodurch die Funktion u auf dem Rand eines Kreises definiert ist.

Wir wollen (zum Teil in Übungen) vollständige Lösungen all dieser Probleme gewinnen.

§ 3. Das Cauchyproblem für eine unbeschränkte Saite. Die d'Alembertsche Formel

Es sei das Cauchyproblem $u_{tt} = a^2 u_{xx}$, $u|_{t=0} = \varphi(x)$, $u_t|_{t=0} = \psi(x)$ vorgelegt.

Satz (d'Alembertsche Formel). *Die Lösung des Cauchyproblems ist durch die Formel*

$$u(x,t) = \frac{\varphi(x-at) + \varphi(x+at)}{2} + \frac{1}{2a} \int_{x-at}^{x+at} \psi(y)\, dy \qquad (4.7)$$

gegeben.

BEWEISSKIZZE. Wir wissen daß die allgemeine Lösung der Gleichung die Gestalt $u(x,t) = f(x-at) + g(x+at)$ hat. Wir betrachten den Summanden $f(x-at)$. Für festes $t \geq 0$ ist der Graph von $f(x-at)$ gleich dem um at nach rechts verschobenen Graphen von f. Dieser Summand heißt *vorwärts laufende Welle*. Analog heißt der Summand $g(x+at)$ *rückwärts laufende Welle*. Setzen wir $t = 0$ zunächst in die Formel der allgemeinen Lösung und dann in die nach t differenzierte Formel ein, so erhalten wir das System

$$\begin{cases} u|_{t=0} = \varphi(x) = f(x) + g(x)\,, \\ u_t|_{t=0} = \psi(x) = -af'(x) + ag'(x)\,. \end{cases} \qquad (4.8)$$

Durch Lösen dieses Systems erhalten wir f und g, und durch Einsetzen in die Formel der allgemeinen Lösung erhalten wir (4.7). □

Aufgabe 2. Klären Sie die Details des Beweises.

Aufgaben mit „Trickfilmen"

Mit Hilfe der d'Alembertschen Formel kann man Folgen von „Bildern eines Trickfilms über eine schwingende Saite" zeichnen, wenn man die Graphen der Anfangswerte kennt.

Beispiel. Es sei $\psi \equiv 0$, und der Graph von φ sehe aus wie in Abb. 4.4; dabei ist $\varphi \neq 0$ auf einem Intervall der Länge 1.

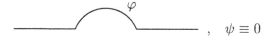

, $\psi \equiv 0$

Abb. 4.4. Die Anfangsbedingungen

Dann hat die d'Alembertsche Formel die Gestalt $u(t,x) = \Big(\varphi(x-at) + \varphi(x+at)\Big)\Big/2$; sie beschreibt das Aussehen der Saite in aufeinanderfolgenden Zeitpunkten, Abb. 4.5.

Aufgabe 3. Zeichnen Sie einen Trickfilm für die Anfangsbedingungen $\varphi \equiv 0$ und ψ von der Form ⌒⌐ .

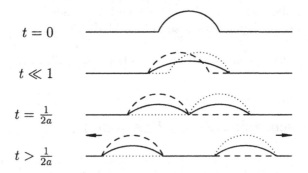

Abb. 4.5. Die schwingende Saite in aufeinanderfolgenden Zeitpunkten

§ 4. Die halbbeschränkte Saite

Das Problem besteht aus Gleichung (4.1), den Anfangsbedingungen (4.3) und der Randbedingung $u|_{x=0} \equiv 0$ (eingespanntes Ende) oder $u_x|_{x=0} \equiv 0$ (freies Ende).

Indem wir die Randbedingungen und die Gestalten der Anfangsdaten kombinieren, erhalten wir eine Tabelle von Aufgaben:

Anfangsbedingungen Randbedingungen	$\varphi :$ ⌣ $\psi \equiv 0$	$\varphi \equiv 0$ $\psi :$ ⌣
freies Ende für $x = 0$	4	5
fixiertes Ende für $x = 0$	6	7

Aufgabe 4–7. Zeichnen Sie einen Trickfilm der Bewegungen der Saite für die in der Tabelle angegebenen Bedingungen.

HINWEIS. Den halbbeschränkten Fall kann man auf den unbeschränkten zurückführen, so daß die Lösung des unbeschränkten Problems eingeschränkt auf die Halbgerade die Lösung des halbbeschränkten Problems liefert. Dazu müssen die Anfangsbedingungen so auf die gesamte Gerade fortgesetzt werden, daß die Lösung in $x = 0$ die Randbedingung erfüllt.

Hierbei helfen Symmetrieüberlegungen. Die Anfangsbedingung läßt sich symmetrisch auf die gesamte Achse fortsetzen, wenn im Anfangszeitpunkt gilt $u_x|_{x=0} = 0$. Aber wird auch die Lösung zu allen Zeiten eine gerade Funktion in x sein? Zum einen kann man dies aus der d'Alembertschen Formel ableiten, zum anderen kann man die folgende bemerkenswerte Idee verwenden.

In der Herleitung der d'Alembertschen Formel wurde die Eindeutigkeit der Lösung des Cauchyproblems gezeigt. Die Gleichung ist invariant bezüglich der Transformation $x \mapsto -x$. Ist die Anfangsbedingung gerade, also ebenfalls invariant unter dieser Transformation, so haben wir zwei Lösungen, $u(x,t)$ und $u(-x,t)$. Da aber die Lösung eindeutig ist, stimmen diese überein, $u(x,t) = u(-x,t)$, d.h. die Lösung ist gerade.

Das ist eine allgemeine Idee. Wenn ein Problem irgendeine Symmetrie aufweist und die Lösung eindeutig ist, so weist auch die Lösung diese Symmetrie auf.

Genauso kann man eine ungerade Fortsetzung im Fall $u|_{x=0} = 0$ verwenden.

§ 5. Die beschränkte Saite (Resonanz)

Die d'Alembertsche Methode ist nicht sehr passend zur Lösung von Randwertaufgaben im Fall einer beschränkten Saite; deshalb werden wir eine andere sehr wirksame Methode entwickeln. Zunächst aber illustrieren wir die Anwendung der d'Alembertschen Methode auf das Problem der erzwungenen Schwingungen einer beschränkten Saite. Dieses Problem besteht aus Gleichung (4.1), der Anfangsbedingung (4.3) und den Randbedingungen $u|_{x=0} = f(t)$, $u|_{x=l} = 0$.

Aufgabe 8. Finden Sie die allgemeine Lösung.

HINWEIS. Einen Beitrag zur Lösung im Punkt (x, t) liefern die Werte, die von den Rändern und vom Anfangsstück $t = 0$ entlang der Charakteristiken $x - at = $ const, $x + at = $ const transportiert werden. Die Charakteristiken erleiden einen Bruch, wenn sie an den Rändern gespiegelt werden. Im Resultat bilden die Werte der Lösung eine alternierende Summe der Werte in den Knotenpunkten der erhaltenen Polygonzüge, Abb. 4.6. Die Anfangsbedingungen können beliebig sein, aber der Einfachheit halber können Sie zunächst annehmen, daß alle Anfangswerte verschwinden.

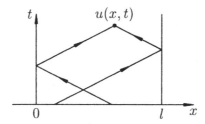

Abb. 4.6. Wie man den Wert der Lösung in einem gegebenen Punkt bestimmt.

Aufgabe 9. Die Funktion $f(t)$ sei periodisch mit Periode T. Gibt es dann eine periodische Lösung mit diesen Randbedingungen? Wenn ja, sind dann sogar alle Lösungen periodisch?

ANTWORT. Keine periodische Lösung existiert zum Beispiel in Resonanz-fällen (wenn die Periode T der äußeren Kraft kommensurabel mit der „Peri-ode der Eigenschwingungen" $2l/a$ ist). Für fast alle (im Sinne des Lebesgue-Maßes) Werte von T gibt es eine periodische Lösung (zumindest, wenn die Funktion glatt ist). Das folgt aus zahlentheoretischen Überlegungen (der me-trischen Theorie diophantischer Näherungen).

Abschließend halten wir fest, daß alle betrachteten Resultate lediglich ele-mentare mathematische Analysis, die nicht über den Rahmen der Differential- und Integralrechnung hinausgeht, erfordert haben.

§ 6. Die Methode von Fourier

Wir kehren zur Gleichung (4.1) zurück: $u_{tt} = a^2 u_{xx}$. Ihre rechte Seite können wir als Differentialoperator ansehen, der einen Funktionenraum in einen an-deren abbildet (oder in sich selbst, wenn wir den Raum der unendlich glatten oder analytischen Funktionen betrachten).

Wir schreiben die Gleichung (und damit auch jedes betrachtete Problem) in abstrakter Form zum Beispiel als

$$u_{tt} = Au \ ,$$
$$u|_{x=0} = u|_{x=l} = 0 \quad \text{oder} \quad u(x + 2\pi, t) = u(x, t) \ .$$

Die Anfangsbedingungen halten wir nicht fest, da wir lernen wollen das Pro-blem für beliebige Anfangsbedingungen zu lösen.

Es ist nun also A ein linearer Operator, und ein Punkt des Phasenraums ist durch eine Funktion u gegeben, die den Randbedingungen genügt.

Der Operator A hat neben der Linearität einige zusätzliche Eigenschaften. Was diese Eigenschaften hergeben, untersuchen wir der Einfachheit halber zunächst an endlichdimensionalen Modellen.

Modell 1. Wir betrachten die lineare gewöhnliche Differentialgleichung $u_t = Au$, wobei u ein Vektor im euklidischen Raum $\mathbb{R}^n$ und A ein selbstad-jungierter Operator ist, d.h. $(Ax, y) = (x, Ay)$ bezüglich des üblichen Ska-larprodukts. Dann besitzt A eine orthogonale Basis aus Eigenvektoren X_k, wobei die zugehörigen Eigenwerte λ_k reell sind. Die Funktionen $e^{\lambda_k t} X_k$ bil-den ein Fundamentalsystem von Lösungen. Die allgemeine Lösung hat die Gestalt $u(t) = \sum c_k e^{\lambda_k t} X_k$. Eine Lösung zu gegebener Anfangsbedingung $u(0) = \varphi$ (hier ist das einfach ein endlichdimensionaler Vektor) ist leicht zu finden. Wir setzen $t = 0$ ein, so daß $\varphi = \sum c_k X_k$. Die c_k bestimmen wir, in-dem wir skalar mit X_j multiplizieren, die Orthogonalität der Basis ausnutzen und $c_j = (\varphi, X_j)/(X_j, X_j)$ erhalten.

Die Analogie zur Wellengleichung besteht hier darin, daß unser Differen-tialoperator zweiter Ordnung d^2/dx^2 in einem geeigneten Raum selbstadjun-giert ist.

Differentialoperatoren im Raum der trigonometrischen Polynome

Eine der bemerkenswertesten Ideen Hilberts besteht darin, Funktionenräume als euklidische Räume zu betrachten. Diese Idee ist grundlegend für die Funktionalanalysis.

Jetzt beschränken wir uns aber auf einen endlichdimensionalen Raum trigonometrischer Polynome. Für ein beliebiges N betrachten wir den Raum

$$E_N = \left\{ u(x) = \sum_{k=-N}^{k=N} a_k e^{ikx}, \quad x \in S^1, a_k \in \mathbb{C} \right\}.$$

Wird die Summe nur von $-N$ bis N genommen, so bleiben wir im Rahmen der Linearen Algebra. Läuft sie von $-\infty$ bis $+\infty$, so geraten wir in das Gebiet der Fourierreihen, das schon zur Funktionalanalysis gehört.

Auf dem Raum E_N führen wir eine Hermitesche Struktur ein

$$(f, g) := \int_0^{2\pi} f \bar{g} \, dx.$$

Aufgabe 10. Überprüfen Sie, ob alle Axiome eines Hermiteschen Raums erfüllt sind.

Die Norm eines Polynoms wird definiert durch $\|f\|^2 = (f, f)$.

Aufgabe 11. Zeigen Sie, daß die Monome $e_k = e^{ikx}$, $k \in \{-N, \ldots, N\}$ eine orthogonale Basis bilden.

LÖSUNG. Es gilt $\int_0^{2\pi} e^{ikx} e^{-ilx} \, dx = 2\pi$, falls $k = l$. Falls aber $k - l = m \neq 0$, dann ist das Integral gleich $\int_0^{2\pi} e^{imx} \, dx = \frac{1}{im} e^{imx}|_0^{2\pi} = 0$.

Modell 2. Wir betrachten das periodische Randwertproblem für die Wellengleichung mit Anfangsbedingungen aus dem Raum E_N:

$$u_{tt} = a^2 u_{xx}, \quad u(x + 2\pi, t) = u(x, t),$$
$$u|_{t=0} = \varphi, \quad u_t|_{t=0} = \psi, \quad \varphi, \psi \in E_N.$$

In der nächsten Vorlesung führen wir dieses auf ein System gewöhnlicher Differentialgleichungen der Form $u_{tt} = Au$ zurück, d.h. auf ein System analog dem aus Modell 1.

Vorlesung 5. Die Methode von Fourier (für eine Saite)

Wir betrachten das periodische Randwertproblem für die Saite

$$u_{tt} = a^2 u_{xx}, \quad x \in S^1 = \mathbb{R}/2\pi\mathbb{Z}, \tag{5.1}$$

$$u|_{t=0} = \varphi(x), \quad u_t|_{t=0} = \psi(x). \tag{5.2}$$

Dieses Problem kann man als Cauchyproblem auf dem Rand des Einheitskreises S^1. Auf einer zusammenhängenden kompakten Mannigfaltigkeit mit Rand (etwa auf einem Intervall) müßte man die ein oder andere Randbedingung hinzufügen.

§ 1. Die Lösung des Problems im Raum der trigonometrischen Polynome

Wir betrachten wieder den Raum der komplexen trigonometrischen Polynome

$$E_N = \Big\{ \sum_{k=-N}^{k=N} a_k e^{ikx}, \quad a_k \in \mathbb{C} \Big\}.$$

(Man kann auch reellwertige Polynome betrachten; hinreichend und notwendig dafür ist $a_k = \overline{a_{-k}}$.)

Für die Anfangsbedingungen gelte $\varphi, \psi \in e_N$. Dann gilt auch für die Lösungen $u(\cdot, t) \in E_N$. In E_N ist die Hermitesche Struktur

$$(f, g) = \int_{S^1} f(x)\overline{g(x)}\, dx, \quad \|f\|^2 = (f, f)$$

gegeben.

Folgende Eigenschaften sind leicht zu verifizieren:

1) Die Monome $\{e^{ikx}\}$ bilden eine orthogonale Basis. Diese Basis ist nicht orthonormiert, $\|e^{ikx}\| = \sqrt{2\pi}$. Wir schreiben $X_k = e^{ikx}$.

2) Der Operator $L = a^2 \frac{d^2}{dx^2} : E_N \to E_N$ ist selbstadjungiert, und die X_k sind seine Eigenvektoren

$$LX_k = -a^2 k^2 X_k.$$

§ 2. Exkurs

Wir betrachten den euklidischen Raum $\mathbb{R}^n$ und darin einen selbstadjungierten nicht entarteten Operator $L : \mathbb{R}^n \to \mathbb{R}^n$ mit der orthogonalen Eigenbasis $\{X_k\}$ und den Eigenwerten $\lambda_k = -\omega_k^2$.

Desweiteren betrachten wir das Anfangswertproblem $\ddot{x} = Lx$, $x(0) = \varphi$, $\dot{x}(0) = \psi$.

Die vektorwertigen Funktionen $\sin(\omega_k t)X_k$, $\cos(\omega_k t)X_k$ bilden ein Fundamentalsystem der Lösungen dieses Problems. Tatsächlich ist die Dimension des Lösungsraums dieses Problems gleich $2n$ (was man durch Transformation auf ein System erster Ordnung mit $\dot{x} = p$, $\dot{p} = Lx$ nachweist), und die genannten $2n$ Funktionen sind Lösungen und zudem linear unabhängig (überprüfen Sie das!).

Also hat die allgemeine Lösung die Gestalt

$$x(t) = \sum (a_k \cos(\omega_k t)X_k + b_k \sin(\omega_k t)X_k) \,.$$

Genauso findet man leicht die Lösungen zu den gegebenen Anfangsbedingungen

$$x(0) = \sum a_k X_k \Rightarrow a_k = \frac{(\varphi, X_k)}{(X_k, X_k)} \,,$$

$$\dot{x}(0) = \sum b_k \omega_k X_k \Rightarrow b_k = \frac{(\psi, X_k)}{\omega_k(X_k, X_k)} \,.$$

§ 3. Lösungsformeln für das Problem aus § 1

In diesem Fall schreiben wir u statt x, und anstelle des $\mathbb{R}^n$ haben wir E_N und den Operator $L = a^2 \frac{\partial^2}{\partial x^2}$; der Einfachheit halber nehmen wir an, daß $a = 1$. In diesem Fall sind $X_k = e^{ikx}$, $\omega_k = k$.

Die allgemeine Lösung des Cauchyproblems hat dann die Form

$$u(x,t) = \sum (a_k \cos(kt) + b_k \sin(kt))e^{ikx} \,, \tag{5.3}$$

$$a_k = \frac{1}{2\pi}(\varphi, e^{ikx}) \,, \tag{5.4}$$

$$b_k = \frac{1}{2\pi k}(\psi, e^{ikx}), \; k \neq 0 \,. \tag{5.5}$$

Die Summen werden hier von $-N$ bis N gebildet.

Somit führt auch der Weg zur Lösung des Cauchyproblems in der Klasse E_N nicht über den Rahmen der Linearen Algebra hinaus. Erstaunlich ist aber, daß auch im allgemeinen Fall die Lösung durch die Formeln (5.3)–(5.5) gegeben ist (wobei von $-\infty$ bis $+\infty$ summiert wird).

§ 4. Der allgemeine Fall

Es seien $\varphi, \psi \in C^\infty(S^1)$ (genauso kann man auch die Klasse analytischer Anfangsdaten, oder umgekehrt Anfangsdaten von endlicher Glattheit heranziehen).

Satz. *Die Lösung des Cauchyproblems (5.1), (5.2) ist durch die Formeln (5.3)–(5.5) gegeben, wobei die Summen von $-\infty$ bis $+\infty$ gebildet werden.*

Im Beweis müssen die Konvergenz der Reihe, die Möglichkeit, gliedweise zu differenzieren, und die Erfüllung der Anfangsbedingungen überprüft werden.

§ 5. Fourierreihen

Wir müssen die Konvergenz der Reihe (5.3) zusammen mit ihren partiellen Ableitungen bis einschließlich zur zweiten Ordnung nachweisen.

Wir betrachten den Raum $C^\infty(S^1)$ mit der Hermiteschen Struktur

$$(f, g) = \int_{S^1} f \bar{g}\, dx, \quad \|f\|^2 = (f, f)\,.$$

Der Raum ist nicht vollständig bezüglich dieser Norm; deshalb heißt er *Prähilbertraum* (ein vollständiger solcher Raum heißt *Hilbertraum*). In diesem Raum bildet das Funktionensystem $\{X_k\} = \{e^{ikx}\}$ in einem gewissen Sinne eine „Basis".

Wir stellen fest, daß die Reihe (5.3) umgeschrieben werden kann als eine Reihe über die Exponenten, wenn wir die Eulerschen Formeln benutzen. Dabei treten Glieder der Form $e^{ik(t+x)}$, $e^{ik(t-x)}$ auf. Eine solche Reihe ist leicht zu differenzieren.

Zum Nachweis der Konvergenz der Reihe (5.3) und aller Reihen, die daraus durch Differentiation der Reihenglieder hervorgehen, genügt es zu zeigen, daß die Koeffizienten a_k, b_k schneller gegen Null konvergieren als jede beliebige Potenz von k.

Zum Nachweis, daß die Anfangsbedingungen erfüllt sind, muß man zeigen, daß die Fourierreihe einer Funktion gegen eben diese Funktion konvergiert. In diesem Sinne bildet das Funktionensystem $\{X_k\}$ auch eine Basis:

$$\varphi \sim \sum a_k X_k, \quad a_k = \frac{(\varphi, X_k)}{(X_k, X_k)} \quad \Rightarrow \quad \sum a_k X_k \to \varphi\,.$$

Wir bemerken, daß der Teil des Beweises, in dem nur die Konvergenz der Fourierreihe der Anfangsfunktion gezeigt wird (unabhängig von der Grenzfunktion) sich nicht vom Nachweis der Konvergenz der Reihe (5.3) unterscheiden wird. Dafür genügt es, wie schon festgestellt, das schnelle Abklingen der $|a_k|$ nachzuweisen.

§ 6. Konvergenz von Fourierreihen

Lemma 1. *Die Fourierkoeffizienten einer Funktion der Klasse $C^\infty(S^1)$ klingen schneller ab, als jede Potenz ihrer Indizes.*

BEWEIS. Offensichtlich gilt die Abschätzung

$$|a_k| \le (\max_{S^1} |\varphi|) \cdot 2\pi \,,$$

d.h. die Fourierkoeffizienten sind zumindest beschränkt. Wir integrieren partiell

$$\begin{aligned}
a_k &= \frac{1}{2\pi} \int \varphi(x) e^{-ikx} \, dx \\
&= \frac{1}{-2\pi ik} \int \varphi(x) \, d\big(e^{-ikx}\big) \\
&= \frac{1}{-2\pi ik} \left(\varphi(x) e^{-ikx} \Big|_0^{2\pi} - \int \varphi'(x) e^{-ikx} \, dx \right) \\
&= \frac{1}{2\pi ik} \int \varphi'(x) e^{-ikx} \, dx \,.
\end{aligned}$$

Aus dem gleichen Grund wie eben ist das letzte Integral gleichmäßig in k beschränkt. Nun kann man von neuem partiell integrieren und zwar so oft wie nötig.

Als Resultat finden wir, daß es für alle m eine Konstante $C_{m,\varphi}$ gibt, so daß $|(\varphi, e^{ikx})| < C_{m,\varphi} |k|^{-m}$. Damit ist das Lemma bewiesen.   □

Bemerkung. Für eine Funktion der Klasse C^m ergibt sich, daß die Fourierkoeffizienten mindestens so schnell wie $1/|k|^m$ gegen Null gehen.

Aufgabe. Die Funktion φ sei aus der Klasse $C^\omega(S^1)$, d.h. holomorph in einem Streifen $|\operatorname{Im} z| \le \beta$ und periodisch, $\varphi(z + 2\pi) \equiv \varphi(z)$. Zeigen Sie, daß die Fourierkoeffizienten exponentiell gegen Null gehen

$$|a_k| < C e^{-\beta|k|} \,.$$

HINWEIS. Verschieben Sie den Integrationsweg in der Integraldarstellung der Fourierkoeffizienten um $\pm i\beta$ (in Abhängigkeit von k).

Gilt auch die umgekehrte Aussage: Wenn für die Fourierkoeffizienten die letzte Abschätzung gilt, dann erlaubt die Funktion eine holomorphe periodische Fortsetzung in dem angegebenen Streifen?

ANTWORT. Die Reihe ist holomorph *im Innern* des Streifens.

Bemerkung. Wenn eine Funktion stetig ist, so konvergiert ihre Fourierreihe gegen sie in der L^2-Metrik. Der zeitgenössische schwedische Mathematiker Carleson hat gezeigt, daß sie außerhalb einer Nullmenge punktweise konvergiert.

Lemma 2. *Die Fourierreihe einer C^2-Funktion konvergiert gegen diese.*

BEWEIS. Die Fourierreihe einer C^2-Funktion konvergiert gleichmäßig gegen irgendeine Funktion $\psi \in C^0$ (nach der Bemerkung im Anschluß an Lemma 1). Es bleibt zu zeigen, daß $\varphi \equiv \psi$. Wir nehmen das Gegenteil an, also $\delta(x) := \varphi(x) - \psi(x) \not\equiv 0$. Trotzdem verschwindet die Fourierreihe von δ, d.h. für alle k gilt $(\delta, X_k) = 0$.

Wir versuchen δ durch trigonometrische Polynome zu approximieren:

$$\left\| \delta - \sum c_k X_k \right\|^2 = \|\delta\|^2 + \left\| \sum c_k X_k \right\|^2 \geq \|\delta\|^2 > 0 . \qquad (*)$$

Wir sehen, daß eine beliebig genaue Approximation unmöglich ist. Andererseits läßt sich nach dem Satz von Weierstraß eine stetige Funktion δ beliebig genau durch trigonometrische Polynome gleichmäßig approximieren. Das widerspricht $(*)$. Damit ist das Lemma bewiesen. □

Bemerkung. Man kann sich die Methode von Fourier für Probleme auf einem Intervall mit diesen oder jenen Randbedingungen ansehen. In der Tat ist die Methode aber ausgearbeitet, um ganz allgemeine Probleme $u_{tt} = Au$ zu lösen, wobei u eine Funktion auf einer beliebigen Mannigfaltigkeit sein kann. Dazu muß man zu dem Operator A auf der Mannigfaltigkeit die Eigenwerte und eine orthogonale Basis von Eigenfunktionen finden und dann nach dem obigen Schema verfahren.

Bereits für den Laplaceoperator $A = \Delta$ führt das zu einer reichhaltigen Theorie, etwa auf Mannigfaltigkeiten mit Riemannscher Metrik. Diese Theorie bildet einen Teil der Spektraltheorie von Differentialoperatoren.

§ 7. Das Gibbssche Phänomen

Die Fourierreihe einer unstetigen Funktion kann nicht gleichmäßig gegen diese konvergieren, wohl aber punktweise (dies ist zum Beispiel der Fall für unstetige stückweise glatte Funktionen: Die Reihensumme stimmt auf den Glattheitsintervallen mit der Funktion selbst überein). Die Folge der *Graphen* der Teilsummen einer Fourierreihe einer stückweise glatten Funktion konvergiert (gleichmäßig), doch sie konvergiert nicht gegen den Graphen der ursprünglichen Funktion, sondern gegen gegen eine andere Kurve. Diese Kurve ergibt sich aus dem Graphen der gegebenen unstetigen Funktion durch Anfügen vertikaler Intervalle über den Unstetigkeitsstellen. Interessanterweise *sind diese Intervalle länger, als die Intervalle, die die Teile des Graphen links und rechts der Unstetigkeitsstelle verbinden.* Dabei beträgt die Länge der zusätzlich über und unter den Graphen der ursprünglichen Funktion hinausragenden Anhängsel immer denselben Anteil (jeweils etwa 9%) der Sprunghöhe, Abb. 5.1

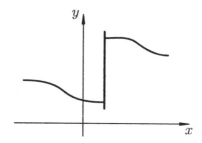

Abb. 5.1. Das Gibbssche Phänomen

Zum Beweis dieser erstaunlichen Tatsache (bekannt als *Gibbssches Phänomen*) genügt es, explizit das Maximum und Minimum der Teilsumme der Fourierreihe einer einfachen 2π-periodischen Funktion (zum Beispiel gleich x für $|x| < \pi$) auszurechnen. Den allgemeinen Fall kann man auf diesen zurückführen, indem man die Unstetigkeiten durch Addition einer geeigneten Linearkombination von verschobenen Varianten dieser einfachen Funktion ausgleicht.

Das Gibbssche Phänomen führt zu interessanten Artefakten in der Tomographie (wo eine Funktion zweier Veränderlicher – etwa die optische Dichte bezüglich Röntgenstrahlen eines flachen Schnittes des menschlichen Körpers – von einem Computer durch Darstellung als (doppelte) Fourierreihe konstruiert werden soll)[1].

Da die Dichte eine unstetige Funktion ist (zum Beispiel wegen der Existenz von Knochen), tritt das Gibbssche Phänomen auf. Es zeigt sich hier in Form von zusätzlichen Geraden neben den Unstetigkeitsslinien: Doppelte Tangenten und Tangenten an Wendepunkten realer Grenzen zwischen Geweben verschiedener Dichten (überlegen Sie, warum).

---

[1] Die Koeffizienten dieser Reihe sind die Fourierkoeffizienten der sogenannten Radontransformierten der ursprünglichen Dichte; die Radontransformierte ist ein Integral der ursprünglichen Dichte entlang einer Geraden, das betrachtet wird als Funktion auf der Geraden; hierbei wird die Radontransformierte als Funktion einer Veränderlichen angesehen, nämlich des Abstands einer Geraden eines gegebenen parallelen Geradenbüschels von einer anderen Geraden dieses Büschels.

Vorlesung 6. Schwingungstheorie. Das Variationsprinzip

Physikern ist eine experimentelle Tatsache bekannt: Die Naturgesetze werden durch Variationsprinzipien beschrieben. Dies hat keine rationale Erklärung, was zu Versuchen theologischer, philosophischer und anderer Deutungen führt, man vergleiche etwa die Werke von Voltaire, Maupertuis und anderer in der Sammlung „Die Variationsprinzipien der Mechanik"[1].

Das Prinzip besagt, daß „die Natur ihre Handlungen auf kürzestem Weg ausführt". So breiten sich etwa nach dem Fermatschen Prinzip Lichtstrahlen auf dem kürzesten Weg aus. Mathematisch – in einer der heutigen ähnlichen Form – wurde das Prinzip der kleinsten Wirkung von Hamilton formuliert. Es hat die Form

$$\delta \int L \, dt = 0 \, .$$

Das Integral in dieser Formel heißt Wirkung. Das Prinzip beschreibt die Bewegung irgendeines mechanischen Systems. Die Lagrangefunktion $L(q, \dot{q}, t)$ hängt vom Zustand und der Bewegungsgeschwindigkeit in einem entsprechenden Konfigurationsraum ab. In dieser Formulierung besagt das Prinzip folgendes: „Eine Bewegung des mechanischen Systems $q = q(t)$ ist genau dann möglich, wenn die Variation des Wirkungsintegrals entlang der Kurve $q = q(t)$ gleich Null ist".

Mit anderen Worten, eine echte Bewegung ist ein kritischer Punkt der Wirkungsfunktion, die auf dem unendlichdimensionalen Raum der Abbildungen des Intervalls in den Konfigurationsraum definiert ist, Abb. 6.1. Funktionen auf unendlichdimensionalen Räumen nennt man üblicherweise Funktionale. Welche Gestalt hat die Wirkungsfunktion für ein typisches mechanisches System?

Wir betrachten die Bewegung eines Punktes q auf einer Riemannschen Mannigfaltigkeit M^n. Die Trajektorie ist durch die Abbildung $q = q(t)$, $t \in [t_0, t_1]$ gegeben. Wir nehmen an, daß die Enden $q(t_0)$, $q(t_1)$ fixiert sind. Der Tangentialvektor $\dot{q}(t)$ hat ein Längenquadrat bezüglich der Riemannschen Metrik. Die Größe $T = (1/2)\dot{q}^2$ heißt *kinetische Energie*. Desweiteren betrachten wir eine gewisse Funktion $u : M^n \to \mathbb{R}$, die sogenannte *potentielle Energie*. Wir setzen $L = T - U$. Diese Funktion heißt *Lagrangefunktion*.

---

[1] L.S. Polak, Moskau: Staatsverlag für physikalisch-mathematische Literatur, 1959 (Anm. d. Übers.)

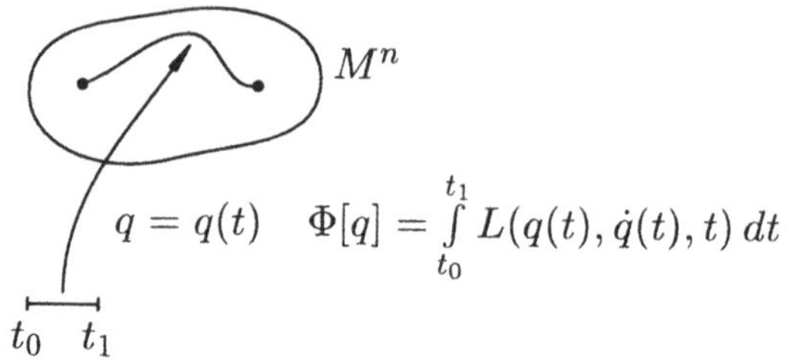

$$q = q(t) \quad \Phi[q] = \int_{t_0}^{t_1} L(q(t), \dot{q}(t), t)\, dt$$

Abb. 6.1. Echte Bewegungen sind kritische Punkte der Wirkungsfunktion.

(Im 19. Jahrhundert wurde über die Bezeichnungen für die Koordinaten und die Impulse und auch über die Wahl des Vorzeichens der Lagrangefunktion gestritten; den Mathematikern gefiel das „Minus" natürlich nicht. Wie üblich gewannen die Physiker, und heute sind folgende Bezeichnungen allgemein akzeptiert: q sind die Koordinaten, p die Impulse, $L = T - U$ ist die Lagrangefunktion und $F = \frac{\partial L}{\partial q}$ ist die Kraft. In jedem Fall ist der physikalische Menschenverstand befriedigt: Wenn man einen Stein von der Erdoberfläche hochhebt, so nimmt seine Energie zu, vgl. [2].)

Das Wirkungsfunktional hat die Form $\Phi[q] = \int_{t_0}^{t_1} L(q(t), \dot{q}(t), t)\, dt$.

In Koordinatenschreibweise stellt die kinetische Energie eine quadratische Form dar, $T = \frac{1}{2} \sum_{ij} a_{ij} \dot{q}_i \dot{q}_j$.

Wir führen die Impulse $p_i = \frac{\partial T}{\partial \dot{q}_i}$ ein.

Geometrisch gesehen, ist der Impuls eine lineare Form des Tangentialvektors, also ein Kotangentialvektor.

Satz 1. *Die Extrema (die kritischen Punkte) des Wirkungsfunktionals genügen den Euler-Lagrange-Gleichungen*

$$\frac{dp_i}{dt} = \frac{\partial L}{\partial q_i}, \quad i = 1, \dots, n\,.$$

(Dies ist ein System von n gewöhnlichen Differentialgleichungen zweiter Ordnung bezüglich der n unbekannten Funktionen $q_i(t)$.)

Den Satz wollen wir später beweisen; jetzt klären wir den Zusammenhang mit der Schwingungsgleichung der Saite und betrachten einige Beispiele.

Lagrange betrachtete eine „diskrete Saite", bestehend aus Kügelchen, die durch Federn miteinander verbunden sind, Abb. 6.2.

Für ein solches System ist es nicht schwer die Lagrangefunktion zu finden und die Bewegungsgleichungen aufzustellen; durch einen Grenzübergang erhält man dann die Gleichung der Saite, versteht das zugrundeliegende Variationsprinzip und kann eine Lagrangefunktion angeben. Zunächst diskutieren wir einfache Beispiele.

Abb. 6.2. Das Lagrangesche Modell einer Saite

Beispiel 1. Ein Teilchen bewege sich frei im euklidischen Raum, der Einfachheit halber etwa in einer Ebene. Dann ist die potentielle Energie U gleich 0, die Lagrangefunktion $L = T = \frac{1}{2}(\dot{q}_1^2 + \dot{q}_2^2)$. Man verifiziert leicht, daß die Wirkungsextrema Geraden sind. Nach Satz 1 genügen die Extrema nämlich den Euler-Lagrange-Gleichungen, die im gegebenen Fall die Form $\dot{p}_1 = 0$, $\dot{p}_2 = 0$ haben. Es ist aber $p_1 = \dot{q}_1$, $p_2 = \dot{q}_2$, d.h. die verallgemeinerten Impulse fallen mit den Geschwindigkeiten zusammen. Dann sind $\ddot{q}_1 = 0$, $\ddot{q}_2 = 0$, d.h. die Lösungen dieser Gleichungen sind Geraden, Abb. 6.3.

Abb. 6.3. Geraden sind die Wirkungsextrema eines freien Teilchens.

Beispiel 2. Jetzt führen wir eine potentielle Energie $U = U(q)$ ein, d.h. das Teilchen bewege sich in einem Kraftfeld. Wir erhalten das Gleichungssystem

$$\dot{p}_1 = -\frac{\partial U}{\partial q_1}, \qquad \ddot{q}_1 = -\frac{\partial U}{\partial q_1},$$
$$\dot{p}_2 = -\frac{\partial U}{\partial q_2}, \quad \text{oder} \quad \ddot{q}_2 = -\frac{\partial U}{\partial q_2}.$$

Wir betrachten den Fall, wenn U eine quadratische Form ist. Im Fall $n = 1$ zum Beispiel haben wir $U = aq^2$, und die Gleichung $\ddot{q} = -aq$ ist die Gleichung eines Pendels.

Im allgemeinen Fall eines quadratischen Potentials transformieren wir die quadratische Form durch eine orthogonale Transformation (im Sinne der durch die kinetische Energie definierten Metrik) auf ihre Hauptachsen. Dadurch erhalten wir ein System unabhängiger Oszillatoren. Im Hinblick auf die Saite kann man sagen, daß sie ein unendliches System unabhängiger Oszillatoren darstellt.

BEWEIS VON SATZ 1. Der Einfachheit halber, um keine Indizes schreiben zu müssen, setzen wir voraus daß $q \in \mathbb{R}$. Die Lagrangefunktion ist $L(q, \dot{q}, t)$.

Wir betrachten die Variation der Bewegung $\delta q(t)$, $\delta q(t_0) = \delta q(t_1) = 0$, Abb. 6.4.

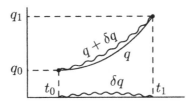

Abb. 6.4. Eine Variation der Bewegung

Wir berechnen den Zuwachs der Lagrangefunktion

$$L(q + \delta q, \dot{q} + \delta\dot{q}, t) - L(q, \dot{q}, t) = \frac{\partial L}{\partial q}\delta q + \frac{\partial L}{\partial \dot{q}}(\delta\dot{q}) + o(\delta) \ .$$

und berechnen den linearen Anteil des Zuwachses der Wirkungsfunktion:

$$
\begin{aligned}
\delta \int_{t_0}^{t_1} L(q, \dot{q}, t)\, dt &= \int_{t_0}^{t_1} \left(\frac{\partial L}{\partial q}\delta q + \frac{\partial L}{\partial \dot{q}}(\delta\dot{q}) \right) dt \\
&\overset{(*)}{=} \int_{t_0}^{t_1} \left(\frac{\partial L}{\partial q}\delta q + \left(-\frac{d}{dt}\frac{\partial L}{\partial \dot{q}} \right) \delta q \right) dt \\
&= \int_{t_0}^{t_1} \delta q \left(-\frac{d}{dt}\frac{\partial L}{\partial \dot{q}} + \frac{\partial L}{\partial q} \right) dt \ .
\end{aligned}
$$

In $(*)$ haben wir den ersten Summanden partiell integriert und dabei verwendet, daß sich beim Einsetzen der Integralgrenzen Null ergibt, da an den Enden die Variation der Trajektorie gleich Null ist.

Wenn die Trajektorie kritisch ist, so ist der letzte Ausdruck identisch gleich Null. Also

$$-\frac{d}{dt}\frac{\partial L}{\partial \dot{q}} + \frac{\partial L}{\partial q} \equiv 0 \ ,$$

denn andernfalls ließe sich eine Variation δq wählen (das ist eine Übungsaufgabe), so daß das Integral nicht verschwindet. Damit ist der Satz bewiesen.

□

Im Fall der freien Bewegung eines Teilchens hat die Lagrangefunktion die Form $L = T$. Aus den Euler-Lagrange-Gleichungen ergibt sich sofort, daß die kritischen Trajektorien Geraden sind. Auf ihnen wird das Integral minimal. Für das Problem des kürzesten Weges ist $L = \sqrt{2T}$; wieder sind die Extrema Geraden, und auf ihnen wird das Integral minimal.

Wichtige Anmerkung. Diese Theorie ist unabhängig vom Koordinatensystem. Wenn also irgendeine Gleichung eine Euler-Lagrange-Gleichung ist, so sieht sie auch in jedem Koordinatensystem wie eine Euler-Lagrange-Gleichung aus. Eine Koordinatentransformation braucht daher nur für die Lagrangefunktion durchgeführt zu werden.

Übung. Für die gleichmäßige Bewegung $q(t)$ von Teilchen entlang von Geraden ist $q(t)$ Lösung der Gleichung $\ddot{q} = 0$. Stellen Sie die entsprechende Gleichung in Polarkoordinaten auf.

Genaueres zu den Methoden der Variationsrechnung findet man in [1, Kap. 3]; dort sind auch weitere Literaturverweise.

Aus unserer Theorie ergibt sich eine wirksame Methode zur Untersuchung von Systemen in der Umgebung eines kritischen Punktes bezüglich der Abweichung von einer Gleichgewichtslage der potentiellen Energie, etwa eines Minimums. Wenn wir das Potential durch seinen quadratischen Anteil ersetzen, wird der Fehler auf der rechten Seite (also in der Kraft) von zweiter Ordnung in Bezug auf die Abweichung von der Ruhelage sein. Der lineare Anteil bleibt dabei unverändert, so daß diese Substitution lediglich eine Linearisierung darstellt. Die quadratische Form der kinetischen Energie, die vom Ort q als Parameter abhängt, ersetzen wir durch die konstante Form, die sich im Punkt des Minimums findet. Im endlichdimensionalen Fall haben die kinetische und die potentielle Energie die Gestalt

$$T = \frac{1}{2}(A\dot{q}, \dot{q}), \quad U = \frac{1}{2}(Bq, q) \, .$$

Die erste Form ist positiv definit, was für die zweite nicht notwendigerweise gilt, falls der ursprüngliche kritische Punkt kein Minimum der potentiellen Energie ist.

Bekanntlich kann man zwei solche Formen simultan auf Hauptachsenform transformieren. Das geschieht, indem man die zweite Form durch eine orthogonale Transformation auf Hauptachsenform bringt, wobei die erste Form die euklidische Struktur des Raums vorgibt. Dazu muß man praktisch die charakteristische Gleichung $\det(B - \lambda A) = 0$ lösen. Historisch geht diese Gleichung auf Lagrange und seine Untersuchungen der hundertjährigen Schwingungen der Plantenbahnen um ihre Keplerschen Orbits zurück; deshalb nannte man die charakteristische Gleichung *Säkulargleichung* (Jahrhundertgleichung).

In der Theorie der kleinen Schwingungen gibt so die kinetische Energie T nach Definition eine euklidische Struktur im Konfigurationsraum vor, und die potentielle Energie U ist eine quadratische Form in diesem Raum. In kartesischen Koordinaten haben die Euler-Lagrange-Gleichungen die Form $\ddot{q} = -\nabla U = -Bq$.

Es gibt eine einfache geometrische Methode die Hauptachsen zu finden. Dazu betrachtet man das Ellipsoid zu einem Niveau der quadratischen Form (Bq, q). Der im Sinne der gegebenen euklidischen Struktur vom Ursprung am weitesten entfernte Punkt definiert den ersten Eigenvektor (also die erste Hauptachse). Die übrigen Hauptachsen liegen im orthogonalen Komplement der ersten; die zugehörige Hyperfläche schneidet das Ellipsoid entlang eines Ellipsoids niederer Dimension. Auf dieses wird die beschriebene Prozedur von Neuem angewendet und so fort, Abb. 6.5. Interessanterweise funktioniert diese Methode auch im unendlichdimensionalen Raum.

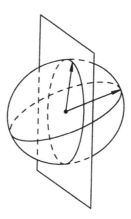

Abb. 6.5. Bestimmung der Hauptachsen

Auf den Hauptachsen zerfällt das System in eindimensionale Gleichungen, die sich explizit lösen lassen (wir notieren hier die Lösungen für den Fall einer positiv definiten Form B):

$$\ddot{q}_k = -\lambda_k q_k \, ,$$
$$q_k(t) = a_k \cos \omega_k t + b_k \sin \omega_k t \, , \quad \text{wobei } \omega_k = \sqrt{\lambda_k} \, .$$

Diese Gleichungen beschreiben unabhängige harmonische Eigenschwingungen in orthogonalen Richtungen. Wenn die Perioden nicht kommensurabel sind, so ist die Bewegung insgesamt nicht periodisch.

Es ist hilfreich, die den Eigenschwingungen entsprechenden Lösungen in komplexer Form als $q(t) = \mathrm{Re}(A_k e^{i\omega_k t} \xi_k)$ zu schreiben, wobei A_k die komplexe Amplitude und ξ_k der Eigenvektor ist. Alle Lösungen ergeben sich durch Linearkombination dieser Lösungen, d.h. jede Schwingung ist eine Überlagerung von Eigenschwingungen. Das ursprüngliche System ist also ein System von n unabhängigen Oszillatoren.

Erhöht sich die potentielle Energie U, so wachsen alle Eigenfrequenzen (ein Beweis findet sich in [1]). Daraus ziehen wir einige einfache aber interessante Schlüsse über Ellipsoide:

- Ist ein Ellipsoid in einem anderen enthalten, so ist jede Achse des kleineren kleiner als die entsprechende Achse des größeren.
- Wird ein Ellipsoid mit einer Ebene durch sein Zentrum geschnitten, so liegen die Längen der Hauptachsen des Schnittgebildes zwischen den Längen der Hauptachsen des ursprünglichen Ellipsoids, Abb. 6.6.

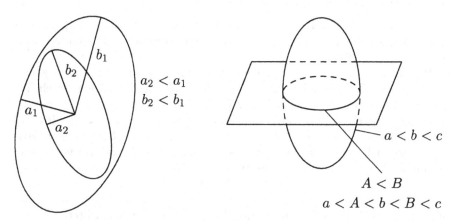

Abb. 6.6. Beziehungen zwischen den Achsen von Ellipsoiden

Einen praktischen Effekt kann man zum Beispiel beobachten, wenn eine beschädigte Glocke ausgebessert wird. Ist ein Sprung in der Glocke, so klingt sie dumpf, wird der Sprung ausgebessert, so beginnt sie klarer zu klingen.

Ähnliches über kleine Schwingungen findet man in [1, Kap. 5] und ebenso in [3, Abschn. 25.6].

Um unsere Theorie auf unendlichdimensionale Systeme zu erweitern, werden wir einige Grundlagen benötigen. Zunächst wollen wir uns aber ansehen, welche Ergebnisse uns erwarten.

Im Fall einer eindimensionalen, an den Enden fixierten Saite besteht der Konfigurationsraum aus Funktionen $u(x)$ mit $u(0) = u(l) = 0$. Wir setzen voraus, daß diese Funktionen glatt sind. Die kinetische Energie hat die Form

$$T = \frac{1}{2} \int_0^l \left(\frac{\partial u}{\partial t} \right)^2 dx \,.$$

Die potentielle Energie ist die Arbeit, die aufgewendet wurde, um die Saite in die gegebene Form $u(x)$ zu bringen. Wir setzen voraus, daß sich diese Form nur wenig von der stationären Lage $U \equiv 0$ unterscheidet. Bei der Bestimmung der potentiellen Energie in der Theorie der kleinen Schwingungen müssen wir Terme der Ordnung u^2 berücksichtigen, können aber Terme höherer Ordnung (u^3 etc.) vernachlässigen. Da die Verformung der Saite keine Arbeit erfordert, steckt die gesamte aufgewandte Arbeit in der Dehnung der Saite von der ursprünglichen Länge l auf die neue Länge, nämlich die Länge des Graphen von $u(x)$.

Lemma. *Die potentielle Energie einer straff gespannten Saite ist proportional zu ihrer Verlängerung (in der Approximation kleiner Schwingungen) mit einem Proportionalitätsfaktor, der selbst proportional zur aufgewandten Kraft beim Spannen der Saite ist.*

BEWEIS. Nach dem Hookeschen Gesetz ist die zum Spannen aufgewandte Kraft proportional zur Verlängerung. Die Verlängerung ist eine Größe zweiter Ordnung bezüglich der Auslenkung der Saite. Folglich kann man die Größe der zum Spannen nötigen Kraft als konstant und unabhängig von der Form der Saite ansehen (im Rahmen der Approximation kleiner Schwingungen, d.h. wenn die Energie unter Berücksichtigung von Termen zweiter aber nicht dritter Ordnung im Vergleich zur Auslenkung berechnet wird; bei dieser Näherung genügt es, bei der Berechnung der Kraft Terme erster Ordnung bezüglich der Auslenkung zu berücksichtigen, während Terme zweiter Ordnung vernachlässigt werden können).

Wenn die Spannkraft während der Verformung konstant ist, so berechnet sich die Energie eines Saitenelements als die Arbeit dieser konstanten Kraft über das zugehörige Wegelement und ist daher (in der betrachteten Näherung) proportional zur Verlängerung dieses Elements (und zur Spannkraft).

Indem wir die potentielle Energie aller Elemente der deformierten Saite aufsummieren, erhalten wir, daß ihre potentielle Energie in der gegebenen Näherung gleich dem Produkt des Betrags der Spannkraft und der Verlängerung der gesamten Saite ist.   □

Indem wir Größen zweiter Ordnung bezüglich u vernachlässigen, erhalten wir schließlich folgenden Ausdruck für die potentielle Energie:

$$U = F \int_0^b \left(\sqrt{1 + \left(\frac{\partial u}{\partial x} \right)^2} - 1 \right) dx \approx \frac{F}{2} \int_0^b \left(\frac{\partial u}{\partial x} \right)^2 dx .$$

Bemerkung. Denselben Ausdruck hätten wir auch ausgehend von dem Modell mit Kügelchen und Federn herleiten können, indem wir die vom $(i-1)$-sten und $(i+1)$-sten Kügelchen auf das i-te Kügelchen ausgeübte Kraft berechnen (unter der Annahme, daß sich das Kügelchen senkrecht zur ruhenden Saite bewegt). Die zur ruhenden Saite normalen Projektionen dieser Kräfte sind in erster Näherung proportional zu den Differenzen $q_i - q_{i-1}$ und $q_{i+1} - q_i$ der Auslenkungen benachbarter Kügelchen (mit unterschiedlichen Vorzeichen und dem gemeinsamen Koeffizienten F der gleich der Spannkraft ist).

Diese Kräfte resultieren aus der potentiellen Energie $U = \sum \frac{F}{2}(q_{i+1} - q_i)^2$, denn

$$-\frac{\partial U}{\partial q_i} = F[(q_{i+1} - q_i) - (q_i - q_{i-1})] = F(q_{i+1} - 2q_i + q_{i-1}) .$$

Im Grenzfall geht die Summe in das oben hergeleitete Integral über.

Die Lagrangefunktion ist $L = T - U$.

Um die Euler-Lagrange-Gleichung aufzustellen, bestimmen wir die Impulse und die Kräfte.

Offensichtlich ist $p(x) = \partial u/\partial t$ (sofern die Saite homogen ist und überall die Dichte 1 hat).

Die potentielle Energie im diskretisierten Fall ist gleich $\frac{F}{2}\sum(q_{i+1} - q_i)^2$, wobei $q_i = u(x_i)$, Abb. 6.7.

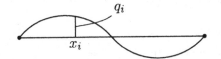

Abb. 6.7. Das diskrete Modell einer Saite

Um die Kraft zu bestimmen, leiten wir nach q_i ab und erhalten

$$-F(q_{i+1} - q_i) + F(q_i - q_{i-1}) = -F(q_{i+1} - 2q_i + q_{i-1}) \ .$$

In der Klammer steht gerade die zweite Differenz (Abb. 6.8), die beim Grenzübergang in die zweite Ableitung $\partial^2 u/\partial x^2$ übergeht.

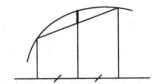

Abb. 6.8. Die zweite Differenz

Somit hat nach dem Grenzübergang die Euler-Lagrange-Gleichung die Gestalt

$$\frac{\partial^2 u}{\partial t^2} = k\frac{\partial^2 u}{\partial x^2} \ ,$$

also genau die Gestalt der Wellengleichung. Der Koeffizient k ist direkt proportional zur Spannung und umgekehrt proportional zur Dichte der Saite. Eine Lösungsmethode haben wir schon: Wir suchen die Eigenschwingungen. Dazu müssen wir die Hauptachsen der quadratischen Form der potentiellen Energie bezüglich der durch die kinetische Energie vorgegebenen Metrik bestimmen. Im endlichdimensionalen Fall haben wir

$$q(t) = Ae^{i\omega t}\xi$$

geschrieben. Also müssen wir für die Saite eine Lösung der Form $u = e^{i\omega t}\xi(x)$ finden. Wir setzen das in die Gleichung ein:

$$-\omega^2 e^{i\omega t}\xi(x) = k e^{i\omega t}\xi''(x) \ .$$

Dies führt auf das Eigenwertproblem $\xi''(x) = -\lambda\xi$, $\lambda = \frac{\omega^2}{k}$.

Diese Anwendung der allgemeinen Theorie der Eigenschwingungen heißt *Methode der Separation der Variablen*. Die Lösung ist gegeben durch

$$\xi = a\cos\sqrt{\lambda}\,x + b\sin\sqrt{\lambda}\,x \ ;$$

$$\xi(0) = 0 \quad \Rightarrow \quad a = 0 \ ;$$

$$\xi(l) = 0 \quad \Rightarrow \quad \sin\sqrt{\lambda}\,l = 0 \Rightarrow \sqrt{\lambda}\,l = n\pi \Rightarrow \sqrt{\lambda} = \frac{n\pi}{l} \Rightarrow \omega \sim n \ .$$

Wir sehen, daß es eine gerade Anzahl von Hauptachsen, also von Eigenfunktionen gibt; wächst die Zahl n, so wachsen die Eigenfrequenzen. Multipliziert man die Eigenfunktion mit dem Realteil von $e^{i\omega t}$, so ergibt sich eine stehende Welle (Abb. 6.9): Die Wellenform verändert sich nicht, über t finden harmonische Schwingungen statt.

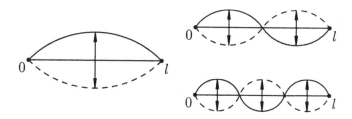

Abb. 6.9. Stehende Wellen

Im endlichdimensionalen Fall hat sich jede Schwingung als Überlagerung von Eigenschwingungen darstellen lassen. Im Fall der Gleichung einer Saite ist das auch wahr, erfordert aber einen eigenen Beweis (der sich aus der Theorie der Fourierreihen ergibt, die genau dazu auch entwickelt wurde. Deshalb heißen die Theorie der Fourierreihen und ihre Verallgemeinerungen auch *harmonische Analysis*.)

Die Rechtfertigung, daß die Schwingungstheorie auf Systeme mit unendlich vielen Freiheitsgraden (von der Art der Saite) anwendbar ist, gelang den Mathematikern erst recht spät (Ende des 19., Anfang des 20. Jahrhunderts) und führte zur Begründung der Funktionalanalysis und später der Quantenmechanik. Aber die algebraische Struktur der Schwingungstheorie selbst – sowohl im endlichdimensionalen als auch im unendlichdimensionalen Fall – ist noch wesentlich grundlegender (und wurde von Physikern lange vor der strikten mathematischen Rechtfertigung mit vollem Erfolg angewandt).

Die Situation ist hier ähnlich wie in der Begründung der Theorie der reellen Zahlen (die eigentlich auch erst im 19. Jahrhundert gelungen ist). Die alten Griechen zur Zeit von Pythagoras mußten den Satz über die Inkommensurabilität der Diagonalen und der Seite eines Quadrats geheimhalten, da er ihren Glauben in die Macht der Zahlen (die sie sich nur als rationale Zahlen vorstellten) erschütterte.

Dies störte Newton aber nicht dabei, die Analysis zu entwickeln, wobei er sich nicht mit Details der Begründung der Arithmetik reeller Zahlen aufhielt (die ihm im übrigen wohlbekannt waren). Der Autor des vorliegenden Kurses war bestrebt, die Hörer schneller mit der Kunst vertraut zu machen, mutig mögliche Verallgemeinerungen zu erraten und vorherzusagen (wie etwa den Übergang von Schwingungen mit endlich vielen Freiheitsgraden zu Schwingungen von kontinuierlichen Medien), als mit dem schweren Handwerk der strengen Begründung dieser Ergebnisse (einschließlich der unausweichlichen Untersuchung der minimal nötigen Glattheit der untersuchten Objekte).

In einer analogen Situation wie einst die Theorie der Schwingung kontinuierlicher Medien und die Theorie der reellen Zahlen befindet sich heute die Quantentheorie eines Feldes, die noch mehr verblüffende mathematische Resultate, aber nicht ihre strikte Begründung liefert.

Aufgabe* (Sturm, Hurwitz). Gegeben sei eine reelle 2π-periodische Funktion

$$f(x) = \sum_{k \geq N} a_k \cos kx + b_k \sin kx \,,$$

deren Fourierreihe mit der N-ten harmonischen Schwingung beginnt. Zeigen Sie, daß f auf dem Kreisrand $\{x \bmod 2\pi\}$ nicht weniger Nullstellen hat als die erste harmonische Schwingung, die in der Reihe mit nicht verschwindendem Koeffizienten auftritt (also nicht weniger als $2N$).

Beispiel. Für $N = 1$ ist die Zahl der Nullstellen mindestens 2. Das ist die Morsesche Ungleichung: Eine Funktion auf dem Rand des Einheitskreises hat mindestens zwei kritische Stellen.

Literatur

1. V. I. Arnold. *Mathematische Methoden der klassischen Mechanik.* Birkhäuser Verlag, Basel, 1988.
2. F. Klein *Vorlesungen über die Entwicklung der Mathematik im 19. Jahrhundert.* Grundlehren der mathematischen Wissenschaften. Band XXIV und XXV. Springer-Verlag, 1979.
3. V. I. Arnold *Gewöhnliche Differentialgleichungen, 3. Auflage, S.130–140.* Springer-Verlag 2001.

Vorlesung 7. Schwingungstheorie. Das Variationsprinzip (Fortsetzung)

Gemäß unserer Herleitung haben die kinetische und die potentielle Energie der Saite (Abb. 7.1) die Gestalt

$$T = \frac{1}{2} \int_0^l \dot{u}^2 \, dx , \quad U = \frac{k}{2} \int_0^l (u_x)^2 \, dx .$$

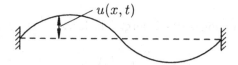

Abb. 7.1. Eine Saite

Die Lagrangefunktion ist $L = T - U$, und aus dem Variationsprinzip $\delta \int L \, dt = 0$ folgt die Euler-Lagrange-Gleichung $\frac{d}{dt} \frac{\partial L}{\partial \dot{q}} = \frac{\partial L}{\partial q}$, die in unserem Fall folgende Form der Wellengleichung einer Saite hat:

$$u_{tt} = k u_{xx} .$$

Diese Ergebnisse lassen sich auf den mehrdimensionalen Fall übertragen. Es schwinge nun also ein Körper beliebiger Dimension, zum Beispiel im Fall $n = 2$ eine Membran. Eine Membran kann man sich genauso wie eine Saite als System von schwingenden Kügelchen, die durch Federn miteinander verbunden sind, vorstellen, Abb. 7.2.

Im Fall einer Membran oder eines mehrdimensionalen Körpers läßt sich die kinetische Energie analog ausdrücken wie im Fall einer Saite, nämlich $T = \frac{1}{2} \iint \left(\frac{\partial u}{\partial t} \right)^2 \, dx$.

Dieses Integral verstehen wir als das entsprechende mehrdimensionale Integral.

Wir beachten, daß Schwingungen nicht nur in einer Richtung auftreten können, sondern in mehreren; dann ist u als vektorwertig anzusehen (geometrisch entspricht die Gleichgewichtslage dem Nullschnitt eines Bündels, wobei das Bündel selbst beliebig sein kann). Die kinetische Energie läßt sich

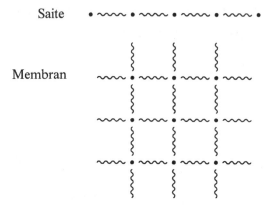

Abb. 7.2. Approximation einer Saite und einer Membran

genauso schreiben, nur steht unter dem Integral das Normquadrat der Geschwindigkeitsvektors.

Wie läßt sich die potentielle Energie ausdrücken? Die Antwort lautet

$$U = \frac{k}{2} \int (\nabla u)^2 \, dx \, ,$$

wobei $\nabla u = \frac{\partial u}{\partial x} = \left(\frac{\partial u}{\partial x_1}, \ldots, \frac{\partial u}{\partial x_n} \right)$ der Gradient ist. Dieses Integral heißt *Dirichletsches Integral.*

Dirichlet beschäftigte sich mit den Grundlagen der Zahlentheorie, doch war er es, der erkannte, daß die harmonischen Funktionen dieses Integral minimieren (unter den entsprechenden Randbedingungen). Diese physikalische Idee, das sogenannte Dirichlet-Prinzip, erwies sich als äußerst wirkungsvolles Mittel sowohl um die Existenz von Lösungen der entsprechenden Probleme nachzuweisen, als auch um diese zu untersuchen und sogar in der Praxis numerisch zu approximieren. Es ist interessant anzumerken, daß dieses Integral und seine Verallgemeinerungen mit möglichen Beweisansätzen für die Hypothese über die Nullstellen der ζ-Funktion in Verbindung gebracht werden. Diese Hypothese[1] besagt, daß alle nichttrivialen komplexen Nullstellen der ζ-Funktion auf einer reellen Geraden liegen. Die Idee (die mindestens auf Hilbert zurückgeht) besteht darin, ein Schwingungsproblem zu finden, durch dessen Eigenwerte sich die Nullstellen der ζ-Funktion darstellen lassen. Da die Eigenwerte reell sind, ließe sich eine reelle Gerade finden, die die Nullstellen enthält.

Aufgabe. Finden Sie das Minimum des Dirichletschen Integrals im Raum der auf der Sphäre glatten Funktionen.

---

[1] natürlich auch bekannt als Riemannsche Vermutung (Anm. d. Übers.)

LÖSUNG. Für Konstanten ist das Integral gleich Null, und für nicht konstante Funktionen ist es positiv. Folglich ist das Minimum Null und wird nur für konstante Funktionen angenommen.

Die Euler-Lagrange-Gleichungen haben im mehrdimensionalen Fall die Gestalt $\frac{\partial^2 u}{\partial t^2} = k\Delta u$, wobei $\Delta = \frac{\partial^2}{\partial x_1^2} + \ldots + \frac{\partial^2}{\partial x_n^2}$ den Laplaceoperator in kartesischen Koordinaten bezeichnet. Tatsächlich ist der Laplaceoperator aber koordinatenunabhängig, sondern wird durch die euklidische Struktur des Raumes vorgegeben, wie der folgende Satz zeigt.

Satz 1. $\Delta u = \operatorname{div}(\operatorname{grad} u)$.

Bevor wir diesen Satz beweisen, erinnern wir an die Bedeutung der hier beteiligten Begriffe und überzeugen uns davon, daß sie invariant sind.

Ist u eine Funktion, so ist ihr Differential eine 1-Form, die auf dem Tangentialvektor ξ operiert, $du|_x(xi) = (a_x, \xi)$, denn im euklidischen Raum ist jede 1-Form ein Skalarprodukt mit einem im gegebenen Punkt fixierten Vektor. Dieser Vektor heißt Gradient der Funktion u im Punkt x, also $a_x = \operatorname{grad} u|_x$. Somit ist der Gradient durch die euklidische Struktur des Raums (oder allgemeiner, durch eine Riemannsche Metrik auf einer Mannigfaltigkeit) definiert. In beliebigen Koordinaten gilt $du = \left(\frac{\partial u}{\partial x_1} dx_1 + \ldots + \frac{\partial u}{\partial x_n} dx_n\right)(\xi) = \sum \frac{\partial u}{\partial x_i} \xi$. In kartesischen orthonormierten Koordinaten ist dies die Schreibweise des Skalarprodukts der Vektoren ξ und $\operatorname{grad} u$, da in diesem Fall der Gradient von u die Komponenten $\left(\frac{\partial u}{\partial x_1}, \ldots, \frac{\partial u}{\partial x_n}\right)$ hat.

Übung. Finden Sie die Komponenten von $\operatorname{grad} u$ bezüglich Polarkoordinaten in der euklidischen Ebene und bezüglich Kugelkoordinaten im euklidischen dreidimensionalen Raum.

Die Divergenz eines Vektorfeldes ist auf einer Mannigfaltigkeit mit gegebenem Volumenelement definiert, insbesondere auf einer Riemannschen Mannigfaltigkeit.

Wir betrachten ein Vektorfeld $v = \sum v_i(x)\frac{\partial}{\partial x_i}$ und den zu der Gleichung $\dot{x} = v(x)$ gehörigen Phasenfluß im n-dimensionalen Raum.

Wir erinnern daran, wie der Fluß eines Feldes durch eine Fläche definiert ist. Die Volumenform bezeichnen wir mit $\tau = \tau^n$. Dies ist eine n-Form. Damit definieren wir die dem Vektor v zugeordnete $(n-1)$-Form $i_v\tau$, indem wir v in die erste Position von τ^n einsetzen und die übrigen $n-1$ Positionen frei lassen.

Als *Fluß* des Feldes v durch eine $(n-1)$-dimensionale orientierte Fläche bezeichnen wir das Integral dieser Form über die Fläche.

Beispiel. In kartesischen orthonormierten Koordinaten sei $\tau = dx_1 \wedge \ldots \wedge dx_n$. Dann ist

$$i_v\tau = v_1\, dx_2 \wedge \ldots \wedge dx_n - v_2\, dx_1 \wedge dx_3 \wedge \ldots \wedge dx_n + \ldots$$
$$\pm v_n\, dx_1 \wedge \ldots \wedge dx_{n-1}\,.$$

Ist speziell $n = 3$ und das Geschwindigkeitsfeld gegeben durch $\dot{x} = P$, $\dot{y} = Q$, $\dot{z} = R$, so haben wir $i_v\tau = P\, dy \wedge dz + Q\, dz \wedge dx + R\, dx \wedge dy$.

Der Fluß hat eine klare hydrodynamische Bedeutung. Er beschreibt die Menge einer Flüssigkeit, die in einer Zeiteinheit durch die Fläche fließt, Abb. 7.3.

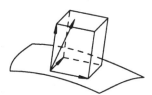

Abb. 7.3. Der Fluß eines Vektorfeldes durch eine Fläche

Wir betrachten nun den Fluß $\bar{V}_\varepsilon$ eines Feldes v durch eine kleine Sphäre vom Radius ε mit Zentrum x. Als *Divergenz* des Feldes v im Punkt x bezeichnet man den Grenzwert $\lim_{\varepsilon \to 0} \frac{\bar{V}_\varepsilon}{\tau(\varepsilon)}$, wobei $\tau(\varepsilon)$ das Volumen der Kugel ist. Die Bedeutung der Divergenz ist die „Quellstärke" im gegebenen Punkt.

Somit ist die Divergenz definiert, sobald eine Volumenform gegeben ist. Insbesondere ist die Divergenz in Riemannschen und euklidischen Räumen definiert. Die Divergenz eines Feldes v auf einer Mannigfaltigkeit mit Volumenelement τ hängt über die Beziehung

$$(\operatorname{div} v)\tau = d(i_v\tau)$$

mit der äußeren Ableitung einer $(n-1)$-Form (die überhaupt nicht von dem Koordinatensystem abhängt) zusammen.

Satz 2. *Die Divergenz eines Feldes v stellt sich in orthonormierten kartesischen Koordinaten dar als die Spur der Jacobimatrix*

$$\operatorname{div} v = \frac{\partial v_1}{\partial x_1} + \ldots + \frac{\partial v_n}{\partial x_n}\,.$$

BEWEIS. Wir berechnen die neue Position eines Punktes x bei einer Verschiebung entlang des Phasenflusses über eine kurze Zeit ε. Es gilt $x \mapsto x + \varepsilon v(x) + o(\varepsilon)$. Somit ist das Volumenelement einer kleinen linearen Transformation unterworfen, Abb. 7.4

Lemma. *In erster Näherung trägt zu der Volumensänderung des Parallelepipeds nur die Längenänderung der Vektoren in ihrer eigenen Richtung bei.*

Abb. 7.4. Eine kleine lineare Transformation des Volumenelements

Übung. Beweisen Sie das Lemma

Da in der Definition der Divergenz die Sphäre durch ein von n Vektoren aufgespanntes Parallelepiped ersetzt werden kann, genügt es zur Berechnung des Flusses die Volumensänderung eines Parallelepipeds bei einer kleinen Verschiebung in Richtung des Phasenflusses zu bestimmen. Nach dem Lemma ist dies in führender Ordnung die Spur der Jacobimatrix von v multipliziert mit dem Volumen des ursprünglichen Parallelepipeds. Teilt man durch letzteres und führt den Grenzübergang durch, so sieht man, daß die Divergenz gerade gleich dieser Spur ist. Damit ist Satz 2 bewiesen.   □

In kartesischen Koordinaten erhalten wir durch elementare Umformungen, daß $\Delta u = \operatorname{div}(\operatorname{grad} u)$. Durch diese Formel ist der Laplaceoperator auf beliebigen Riemannschen Mannigfaltigkeiten definiert.

Aufgabe. Bestimmen Sie den Laplaceoperator für Funktionen auf dem Rand des Einheitskreises $x^2 + y^2 = 1$ in der euklidischen Ebene.

ANTWORT. $\Delta u = \frac{\partial^2 u}{\partial \varphi^2}$, wobei $x = \cos\varphi$, $y = \sin\varphi$.

Die Formel $\Delta u = \frac{\partial^2 u}{\partial x_1^2} + \ldots + \frac{\partial^2 u}{\partial x_n^2}$ gilt nur in orthonormalen kartesischen Koordinaten, in anderen Koordinaten ist die Darstellung eine andere, selbst wenn der Raum euklidisch ist.

Übung. Stellen Sie den Laplaceoperator in Polarkoordinaten, in zylindrischen Koordinaten und in Kugelkoordinaten dar.

Bemerkung. Wie wir weiter unten zeigen, beschreibt das Dirichletsche Integral geometrisch den führenden Term der Veränderung der Fläche der Membran. Interessanterweise ist es quadratisch. Im eindimensionalen Fall ist das völlig einleuchtend. Für kleine Winkel ε ist der Unterschied zwischen der (längeren) Kathete und der Hypotenuse eines rechtwinkligen Dreiecks von zweiter Ordnung klein (man überprüfe das), Abb. 7.5. Diese einfache Tatsache hat wichtige Konsequenzen und Anwendungen.

Beispiele. 1. Wenn Sie auf dem Heimweg einer Sinuskurve folgen, so verlängern Sie Ihren Weg nur ein wenig (etwa um 20 Prozent), da zur Verlängerung des Weges nur Streckenabschnitte mit großer Steigung beitragen; deren Anteil aber ist klein, Abb. 7.6.

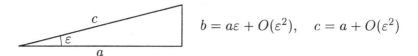

$$b = a\varepsilon + O(\varepsilon^2), \quad c = a + O(\varepsilon^2)$$

Abb. 7.5. Die Hypotenuse ist praktisch gleich der Katheten.

Abb. 7.6. Eine Sinuskurve ist nicht viel länger als eine gerade Strecke.

2. Indem man bei einem Flugzeug die Düsentriebwerke seitlich etwas aus der Längsachse abwinkelt, kann man die Schwanzflügel davor bewahren, im heißen Luftstrom zu verbrennen; dabei ist die Abschwächung der Schubkraft nur von zweiter Ordnung, Abb. 7.7. Zum Beispiel ist sogar für einen sehr großen Winkel von 6° nur $\varepsilon \approx 0.1$, und der Verlust an Schubkraft beträgt lediglich 0.5 Prozent.

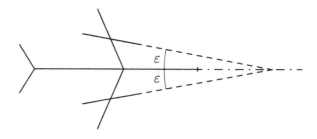

Abb. 7.7. Eine Abwinklung der Düsentriebwerke verändert kaum die Schubkraft

3. Bei der Ausarbeitung der astronomischen Beobachtungen von Tycho Brahe (die mit bloßem Auge durchgeführt worden waren; noch am Ende des 17. Jahrhunderts mußte gezeigt werden, daß Beobachtungen mit dem Teleskop nicht zu einer geringeren Genauigkeit führen) dachte Kepler zunächst, daß sich der Mars auf einer Kreisbahn um die Sonne bewege, diese sich aber nicht im Zentrum befinde. Um dies nachzuvollziehen, betrachten wir eine Ellipse mit den Halbachsen a, b und kleiner Exzentrizität e, Abb. 7.8.

Es gilt $b = a\sqrt{1 - e^2} = a(1 - e^2/2 + \ldots)$. Für kleine e (etwa $e = 1/10$ für den Mars) ist der Unterschied zwischen der Ellipse und einem Kreis schwer

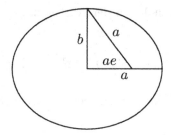

Abb. 7.8. Eine Ellipse mit kleiner Exzentrizität ist kaum von einem Kreis zu unterscheiden.

festzustellen, während der Unterschied zwischen Mittel- und Brennpunkt gut zu sehen ist.

Das wird auch durch folgendes einfaches Experiment bestätigt. In die Nähe der Mitte einer runden Tasse mit Tee lasse man einen Tropfen fallen. Die vom Rand reflektierten Wellen treffen sich in dem am Mittelpunkt gespiegelten Punkt der Tasse, Abb. 7.9.

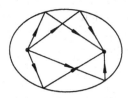

Abb. 7.9. Reflektierte Wellen im Kreis und in einer Ellipse

ERKLÄRUNG. Wenn in einer elliptischen Tasse ein Tropfen genau in den Brennpunkt fällt, so sammeln sich die Wellen nach der Reflektion im anderen Brennpunkt. Ein Kreis unterscheidet sich nur geringfügig von einer Ellipse mit kleiner Exzentrizität. Deshalb sammeln sich die Wellen im zweiten Brennpunkt dieser ähnlichen Ellipse (aber nicht genau, sondern etwas verwischt). Bei genauem Hinsehen kann man beobachten, wie sich die Wellen ein zweitesmal wieder im Ausgangspunkt sammeln.

Und nun zur Erklärung der Tatsache, daß der Unterschied nur von zweiter Ordnung ist: Eine Gerade minimiert das Längenfunktional, deshalb kann der Zuwachs nicht von erster Ordnung sein.

Wir kehren zur geometrischen Interpretation des Dirichletschen Integrals zurück. Behauptet wurde, daß es den wesentlichen Anteil der Flächenveränderung angibt. Ist also S_0 der Flächeninhalt der Membran in der Ruhelage und S_ε der Flächeninhalt bei der Auslenkung εu, so ist zu zeigen, daß (vgl. Abb. 7.10)

$$S_\varepsilon = S_0 + \frac{\varepsilon^2}{2} \int (u_x)^2 \, dx + o(\varepsilon^2) \; .$$

Wir untersuchen die Flächenveränderung eines kleinen Flächenstücks. Dazu

Abb. 7.10. Flächenveränderung der Membran

wählen wir ein günstiges Koordinatensystem. Eine Achse verlaufe in Richtung von $\operatorname{grad} u$, die andere dazu orthogonal, Abb. 7.11. Dann ist der neue Flächeninhalt gleich dem Produkt der neuen Längen, wobei die eine Länge unverändert bleibt, während die andere analog zum eindimensionalen Fall berechnet wird, so daß $S_\varepsilon = S_0(1 + (\varepsilon^2/2)(\nabla u)^2 + \ldots)$.

Nun braucht man nur noch die Flächenveränderung über die ganze Membran zu integrieren.

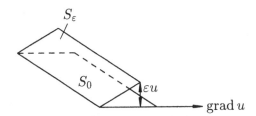

Abb. 7.11. Berechnung der Flächenveränderung

Man kann alle Rechnungen im diskreten System der Kügelchen und Federn durchführen.

Wir definieren eine Homotopie αu von der Gleichgewichtslage zur Auslenkung εu; dabei müssen wir einen Term der Ordnung ε^2 in der Darstellung der potentiellen Energie finden, d.h. der aufgewandten Arbeit, die zu dieser Auslenkung führt. Von der Seite, aus zwei zueinander orthogonalen Richtungen betrachtet, ergibt sich das gleiche Bild wie im eindimensionalen Fall, Abb. 7.12.

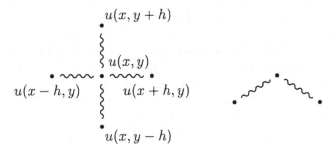

Abb. 7.12. Berechnung der potentiellen Energie der Membran

Deshalb kennen wir die Gesamtkräfte schon; sie bilden (bei geeigneter Normierung) zweite Differenzen mit negativem Vorzeichen:

$$-u(x-h,y) + 2u(x,y) - u(x+h,y) ,$$
$$-u(x,y-h) + 2u(x,y) - u(x,y+h) .$$

Beim Grenzübergang erhalten wir Terme der Form $-u_{xx}$ und $-u_{yy}$. Integration über α von 0 bis ε liefert

$$-\int \alpha\,\Delta u\,d\alpha u \;=\; -u\,\Delta u \int \alpha\,d\alpha \;=\; -\frac{\varepsilon^2}{2} u\,\Delta u .$$

Schließlich integrieren wir über das Gebiet und erhalten (bis auf einen möglichen skalaren Faktor)

$$U = -\iint \left(\frac{\partial^2 u}{\partial x^2} + \frac{\partial^2 u}{\partial y^2} \right) u\,dx\,dy .$$

Dies werten wir durch partielle Integration (erst nach x) aus

$$\int \frac{\partial^2 u}{\partial x^2}\,u\,dx = -\int \frac{\partial u}{\partial x}\frac{\partial u}{\partial x}\,dx + u\,\frac{\partial u}{\partial x}\bigg|_{x_1}^{x_2} .$$

Da u auf dem Rand verschwindet (die Membran ist befestigt), ist der letzte Summand gleich Null. Analog integriert man y. Als Ergebnis bekommen wir

$$U = \iint (\nabla u)^2\,dx\,dy .$$

Somit ist die potentielle Energie proportional zur Flächenveränderung. Die Euler-Lagrange-Gleichung ist, wie wir gesehen haben, in diesem Fall eine Wellengleichung.

Nebenbei haben wir die Formel

$$\int (\nabla u)^2 \, dx = - \int \Delta u \, u \, dx \, , \quad (u|_{\partial \Omega} = 0)$$

bewiesen. Außerdem haben wir die Kraft ausgerechnet und festgestellt, daß sie gleich $-\Delta u$ ist. Deshalb kann man die Wellengleichung als Newtonsche Gleichung interpretieren. Aber wir können auch ganz direkt $\frac{\partial L}{\partial q}$ berechnen, da uns nun T und U bekannt sind. Letztere sind quadratische Formen auf einem unendlichdimensionalen Raum ($\dot{q} = u_t$, $q = u$).

Wir bestimmen die Variation $\delta \int \frac{1}{2} \left(\frac{\partial u}{\partial x} \right)^2 \, dx$. Es sei $u = u_0(x) + \varepsilon \xi(x)$, $\xi|_{\partial \Omega} = 0$.

Wir benötigen den Koeffizienten bei ε in der Entwicklung des Integrals und seine Darstellung als unendlichdimensionales Skalarprodukt:

$$\int \frac{1}{2} \left(\frac{\partial u_0}{\partial x} + \varepsilon \frac{\partial \xi}{\partial x} \right)^2 \, dx = \int \frac{1}{2} \left(\frac{\partial u_0}{\partial x} \right)^2 \, dx + \varepsilon \int \frac{\partial u_0}{\partial x} \frac{\partial \xi}{\partial x} \, dx + \ldots$$

$$= -\varepsilon \int \xi \, \Delta u \, dx + \int \frac{1}{2} \left(\frac{\partial u_0}{\partial x} \right)^2 \, dx + \ldots$$

(bei der partiellen Integration haben wir wieder ausgenutzt, daß $\xi|_{\partial \Omega} = 0$). Das erste Integral auf der rechten Seite ist ein Skalarprodukt, so daß die Kraft tatsächlich gleich $-\Delta u$ ist.

Alle diese Überlegungen sind auch für Riemannsche Mannigfaltigkeiten richtig.

Erstaunlich ist, daß die Wellengleichung eine weite Klasse von Problemen umfaßt. Man kann die Wellengleichung aus der Voraussetzung ableiten, daß ein gegebenes Variationsproblem gewissen axiomatischen Bedingungen genügt (allerdings läßt sich das Variationsprinzip selbst, das den Problemen der mathematischen Physik zugrundeliegt, nicht befriedigend erklären).

Hier sind die Axiome:

1. Die kinetische Energie T ist eine quadratische Form der Geschwindigkeit. Darin drückt sich die *Homogenität des Raums* des Systems aus. Im Falle einer variablen Dichte hätte T übrigens eine ähnliche Darstellung.

Wir beschränken uns auf den Fall eines homogenen Mediums, bezüglich dessen T das Integral über $\frac{1}{2} \left(\frac{\partial u}{\partial t} \right)^2$ ist. Als nächstes geben wir die Axiome an, denen U genügen muß, damit das Problem auf eine Wellengleichung führt.

2. Die quadratische Form U ist additiv und lokal, was physikalisch aussagt, daß es keine Fernwirkung gibt. Die quadratische Form kann in der Form $U = \frac{1}{2}(Au, u)$ geschrieben werden, wobei A ein linearer Operator ist und die Klammern für das Skalarprodukt (also das Integral über das Produkt der Funktionen) steht. Der Operator A heißt *lokal*, wenn die Auswertung der Funktion Au in einem Punkt nur von endlich vielen Ableitungen der Funktion u in diesem Punkt abhängt.

In unserem Fall gibt es lediglich eine Wechselwirkung zwischen benachbarten Punkten, weshalb im Dirichletschen Integral nur Ableitungen u_x erster Ordnung (und im zugehörigen symmetrischen Operator $A = -\Delta$ nur zweite

Ableitungen) auftreten. Eine Wechselwirkung zwischen mehr Punkten führt zu höheren Ableitungen. Beispielsweise tritt in der Gleichung, die die Verbiegung einer dünnen Platte beschreibt, der Operator $\Delta^2 u$ auf. Im Fall einer Membran steckt die Energie nur in der Spannung, nicht in der Verbiegung. Im Fall einer Platte wird zusätzlich Arbeit für die Verbiegung aufgewendet. Auch dies ist ein Beispiel für ein lokales System, allerdings mit höheren Ableitungen. Treten in der Form der potentiellen Energie nur Ableitungen erster Ordnung auf, so besitzt sie eine allgemeine Darstellung

$$\sum a_{ij} \frac{\partial u}{\partial x_i} \frac{\partial u}{\partial x_j} + \sum b_j \frac{\partial u}{\partial x_j} u + cu^2 \ .$$

In welchen Fällen verwandelt sich der symmetrische Operator in einen Laplace-Operator? Wir geben weitere Bedingungen an einen Operator auf dem Raum der Funktionen im euklidischen Raum $\mathbb{R}^n$ an.

3. Homogenität (Invarianz gegenüber Verschiebungen):

$$\Delta(u(x + a)) = (\Delta u)(x + a) \ .$$

4. Isotropie (Invarianz gegenüber Drehungen g):

$$\Delta(u(gx)) = (\Delta u)(gx) \ .$$

Eine quadratische Form des Gradientenvektors definiert ein Ellipsoid als Niveaufläche im Tangentialraum an einen beliebigen Punkt. Der Raum ist isotrop, wenn dieses Ellipsoid eine Sphäre ist; das bedeutet, beispielsweise, daß die Eigenschaften der Membran unabhängig von Drehungen sind. Es gibt aber auch anisotrope Medien.

Aus der Homogenität und der Isotropie folgt $b = 0$, da der lineare Anteil des Operators das Skalarprodukt von b mit $u \frac{\partial u}{\partial x}$ ist; wäre $b \neq 0$, dann veränderten sich die Eigenschaften der Membran bei einer Drehung.

Der Summand cu^2 kann auch in einem homogenen isotropen Medium auftreten, so zum Beispiel im Problem der Schwingungen eines Luftballons (einer dünnen Hülle) um eine Gleichgewichtslage. Fehlt dieser Term, so hat das mit folgender Einschränkung zu tun.

5. Die Metrik des (x, u)-Raums verändert sich nicht bei Verschiebungen entlang der u-Achse. Alle diese Bedingungen zusammen führen dazu, daß in der Gleichung allein der Laplaceoperator stehenbleibt.

Nun betrachten wir das Problem, die Gleichgewichtslagen, also die kritischen Punkte der potentiellen Energie, zu bestimmen. Ist $u|_{\partial\Omega} = 0$, so ist $u \equiv 0$ eine stabile Gleichgewichtslage und das Minimum des Dirichletschen Integrals. Aber es gibt auch andere Randbedingungen. Beispielsweise können wir eine Saite betrachten, deren Enden in beliebigen Punkten fixiert sind, Abb. 7.13.

In diesem Fall wird das Minimum der potentiellen Energie auf einer Geraden angenommen.

Abb. 7.13. Das Dirichletproblem für eine Saite

Das analoge Problem können wir für die Membran stellen: $\Delta u = 0$, $u|_{\partial\Omega} = \varphi$. Das ist das *Dirichletproblem für die Laplacegleichung*, Abb. 7.14. Die Lösungen der Gleichung $\Delta u = 0$ heißen *harmonische Funktionen* im Gebiet Ω. Die Lösungen des Dirichletproblems suchen wir in der Klasse der auf dem Abschluß von Ω stetigen und im Inneren zweimal differenzierbaren Funktionen.

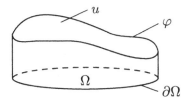

Abb. 7.14. Das Dirichletproblem für eine Membran

Es gibt einen allgemeinen Zugang, Minima des Potentials U zu bestimmen. Dazu bewegt man sich in der dem Gradienten entgegengesetzten Richtung, d.h. entlang dem Vektorfeld $\dot{q} = -\nabla U$. Im Falle einer positiv definiten quadratischen Form U kommt man so notwendigerweise zum Minimum. In unserem Fall hat die Gleichung des Gradientenflusses die Form $(\dot{q} =) \frac{\partial u}{\partial t} = k\,\Delta u\ (= -\operatorname{grad} U)$. Speziell für die Saite ergibt sich $\frac{\partial u}{\partial t} = ku_{xx}$, die sogenannte *Diffusions-* oder *Wärmeleitungsgleichung*.

Die Wärmeleitungsgleichung ergibt sich beim Problem der Ausbreitung von Wärme. Wir betrachten wärmeleitfähige Elemente in den Knoten eines Gitters. In jedem folgenden Moment ist die Temperatur in einem Knoten ein gewichtetes Mittel der Temperaturen in fünf Punkten. Der Einfachheit halber zeichnen wir den eindimensionalen Fall, Abb. 7.15.

Durch Mittelung erhalten wir eine neue Funktion, auf die wir dann dieselbe Prozedur anwenden, usw. Das ist nichts anderes als eine Realisierung des Gradientenabstiegsverfahrens. Die Ausbreitung von Wärme funktioniert also genauso, wie man mit der Gradientenmethode das Minimum der potentiellen Energie sucht.

Interpretiert man die Gleichung als Diffusionsgleichung, dann entspricht u der Verteilungsdichte der Teilchen. Der Laplaceoperator ergibt sich aus den

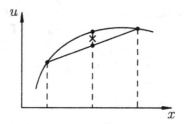

Abb. 7.15. Temperaturausgleich in den Knoten

beschriebenen Invarianzeigenschaften des Systems. Nebenbei bemerkt, ist in diesem Fall der Gleichungsterm cu (der dem Summanden $cu^2/2$ in der potentiellen Energie entspricht) häufig physikalisch gerechtfertigt: Er beschreibt das Entstehen oder Verschwinden von Teilchen, je nach dem Vorzeichen von c.

Damit haben wir eine Methode zum Auffinden stationärer Lösungen (also von Gleichgewichtslagen) beschrieben.

In Spezialfällen läßt sich eine explizite Lösung angeben. Zunächst betrachten wir harmonische Funktionen. Als Lösungen der linearen Gleichung $\Delta u = 0$ bilden sie einen Vektorraum. Wir versuchen, die Randbedingungen zu erfüllen. Für $n = 1$ sind die harmonischen Funktionen linear, ihr Raum hat die Dimension 2 und eine Basis ist gegeben durch die Funktionen $\{1, x\}$. Man kann eine (eindeutige) Gerade durch zwei Punkte legen und so die Randbedingungen erfüllen.

Es sei nun $n = 2$.

Satz 3. *Wir identifizieren die reelle Ebene mit der komplexen Geraden. Es sei $f(z)$ eine harmonische Funktion. Dann sind $\operatorname{Re} f$ und $\operatorname{Im} f$ harmonische Funktionen.*

Übung. Beweisen Sie den Satz. Verwenden Sie dabei die Cauchy-Riemannschen Gleichungen.

Aufgaben. 1. Es sei $\varphi(x, y)$ der orientierte Winkel unter dem wir aus dem Punkt (x, y) ein festes Geradenstück (ein Intervall in der Ebene) sehen. Zeigen Sie, daß $\varphi(x, y)$ außerhalb der Endpunkte des Intervalls eine harmonische (mehrblättrige) Funktion von (x, y) ist.

2. Konstruieren Sie eine beschränkte Funktion, die im Innern eines Kreises harmonisch und auf dem abgeschlossenen Kreis mit Ausnahme von zwei Punkten des Kreisrandes stetig ist. Die Funktion soll auf einem der Bögen des Kreisrandes (die durch die zwei Ausnahmepunkte begrenzt werden) den Wert 0 und auf dem anderen Bogen den Wert 1 annehmen.

3. Lösen Sie die analoge Aufgabe, wenn der Rand des Kreises in n Bögen unterteilt ist und n Werte vorgegeben sind.

4. Bestimmen Sie alle harmonischen Funktionen auf der Sphäre (d.h. lösen Sie die Gleichung div grad $u = 0$, wobei u eine glatte Funktion auf der Sphäre im $\mathbb{R}^n$ ist).

HINWEIS. Wenn eine Funktion nicht konstant ist, so ist ihr Dirichletsches Integral verschieden von Null, und die Funktion ist kein kritischer Punkt des Dirichletschen Integrals. Also ist $\Delta u \neq 0$.

5. Auf den Ecken eines Würfels sei zum Zeitpunkt 0 eine Funktion definiert. In jedem folgenden Moment $i + 1$ wird der Wert in jedem Punkt durch das arithmetische Mittel der Werte in den benachbarten Ecken zum Zeitpunkt i ersetzt. Man finde den Grenzwert der entstehenden Funktionenfolge für $t \to +\infty$.

HINWEIS. Die Grenzfunktion ist „harmonisch".

6. Es sei u eine homogene Funktion nullten Grades (d.h. $u(\lambda x) = u(x)$ für alle x, $\lambda > 0$) im $\mathbb{R}^n$. Zeigen Sie daß

$$r^2 \, \Delta u = \tilde{\Delta} u \,,$$

wobei $\tilde{\Delta}$ den Laplaceoperator div grad auf der Einheitssphäre bezeichnet (also $(\tilde{\Delta} u)_{r=1} = \text{div grad}(u|_{r=1})$).

7. Es sei u eine homogene Funktion k-ten Grades (d.h. $u(\lambda x) = \lambda^k u(x)$ für alle x, $\lambda > 0$) im $\mathbb{R}^n$. Zeigen Sie daß

$$\tilde{\Delta} u = r^2 \, \Delta u - (k^2 + (n - 2)k)u \,,$$

wobei $\tilde{\Delta} u$ homogen vom Grad k ist und für $r = 1$ gleich div grad$(u|_{r=1})$ ist.

Insbesondere gilt für homogene Funktion k-ten Grades im zweidimensionalen Raum

$$\tilde{\Delta} u = r^2 \, \Delta u - k^2 u \,,$$

und für homogene Funktion k-ten Grades im dreidimensionalen Raum

$$\tilde{\Delta} u = r^2 \, \Delta u - (k^2 + k)u \,.$$

8. Bestimmen Sie alle auf $\mathbb{R}^n \setminus \{0\}$ harmonischen Funktionen, die nur von r abhängen.

HINWEIS. Der Fall $n = 2$ ist ein besonderer.

9*. Beweisen Sie, daß die Niveaulinie zum Niveau Null der k-ten Eigenfunktion des Laplaceoperators auf einem komplexen Gebiet (mit Dirichletschen Randbedingungen) dieses Gebiet in höchstens k Teilgebiete unterteilt. (Dieses Ergebnis gilt für kompakte Riemannsche Mannigfaltigkeiten beliebiger Dimension, etwa für Sphären.)

Beispielsweise wechselt die erste Eigenfunktion (zum betragsmäßig kleinsten Eigenwert) überhaupt nicht ihr Vorzeichen (sie nimmt den Wert Null nur auf dem Rand an).

HINWEIS. Die Anzahl der Teilgebiete sei N. Das Verhältnis des Dirichletschen Integrals zum Integral über das Quadrat der Eigenfunktion ist für jedes der N Teilgebiete gleich. Deshalb gibt es einen N-dimensionalen Funktionenraum, auf dem dieses Verhältnis der quadratischen Formen dasselbe ist wie für die Eigenfunktion.

Aus den Sätzen der 6. Vorlesung über die Achsen von Ellipsoiden folgt, daß die Nummer der k-ten Achse nicht kleiner ist als die Dimension N.

10. Wir betrachten die Eigenfunktionen des Laplaceoperators auf dem n-dimensionalen Torus:

$$\sum \frac{\partial^2 u}{\partial x_j^2} = -\lambda u , \quad (x_j \bmod a_j) \in T^n .$$

Mit $N(E)$ bezeichnen wir die Anzahl der Eigenfunktionen für die $\lambda \leq E$. Untersuchen Sie das Verhalten von $N(E)$ für $E \to \infty$.

HINWEIS. Der Laplaceoperator kommutiert mit Verschiebungen. Deshalb sind die Eigenfunktionen die Exponentialfunktionen

$$e_k(x) = e^{2\pi i(k,x)} , \quad (k,x) = \sum \frac{k_j x_j}{a_j}, \ k_j \in \mathbb{Z} .$$

Folglich läuft die Frage darauf hinaus, die Punkte mit ganzzahligen Koordinaten in einem großen Ellipsoid zu zählen.

ANTWORT. Im Raum des Kotangentialbündels T^*T^n des Torus betrachten wir das Gebiet $\Omega(E)$, gegeben durch die Ungleichung $\sum \xi_j^2 \leq E$ (für die Koordinaten ξ_j der Form $\sum \xi_j \, dx_j$). Dann gilt

$$N(E) \sim (2\pi)^{-n} \operatorname{Vol} \Omega(E) = \text{const} \cdot E^{n/2} .$$

Bemerkung 1. Eine analoge *Weylsche Formel* gilt auf jeder Mannigfaltigkeit und für jeden „elliptischen" Operator, etwa für einen Operator zweiter oder höherer Ordnung mit variablen Koeffizienten $P\left(x, i\frac{\partial}{\partial x}\right) = \lambda u$. Das Gebiet Ω ist in diesem Fall durch die Bedingung $\tilde{P}(x,\xi) \leq E$ gegeben, wobei $\tilde{P}$ die Summe der führenden homogenen Terme in ξ des Polynoms P ist („das Hauptsymbol").

Bemerkung 2. Die folgenden Terme der Asymptotik von $N(E)$ sind schwer zu bestimmen, sogar für den gewöhnlichen Laplaceoperator mit $a_j = 2\pi$. Die Schwierigkeit besteht darin, daß auf der Sphäre $\sum k_j^2 = E$ viele Punkte mit ganzzahligen Koordinaten liegen können (mit anderen Worten, daß der Eigenwert E eine große Vielfachheit haben kann); dieser Fall tritt zum Beispiel im Fall des Laplaceoperators auf der Sphäre S^2, für die der Eigenwert E eine Vielfachheit der Ordnung $\sqrt{E}$ hat, ein (vgl. Vorlesung 11).

Vorlesung 8. Eigenschaften harmonischer Funktionen

In dieser Vorlesung beschäftigen wir uns vornehmlich mit harmonischen Funktionen in der Ebene; einige Sätze werden für den n-dimensionalen Fall bewiesen, aber anfangen wollen wir mit dem dreidimensionalen Fall.

Wir betrachten die Funktion $u = 1/r$, wobei $r = \sqrt{x^2 + y^2 + z^2}$ für kartesische Koordinaten (x, y, z) ist.

Übung. Zeigen Sie, daß die Funktion u harmonisch ist.

Dieses einfache Beispiel erweist sich als sehr wichtig. Der Grund liegt darin, daß zwei der wichtigsten Kräfte, die in der Physik untersucht werden, nämlich die Gravitationskraft und die Coulombsche Kraft von folgender Art sind: Sie wirken entlang eines zwei Teilchen verbindenden Geradenstücks, und ihr Betrag ist umgekehrt proportional zum Quadrat des Abstands zwischen den Teilchen.

Damit ist aber das Potential, dessen Gradient die Anziehungskraft eines Teilchens ist, proportional zu $1/r$, unserer harmonischen Funktion. Da eine Linearkombination von harmonischen Funktionen wieder harmonisch ist, ist auch das Potential der Anziehungskraft endlich vieler Teilchen eine harmonische Funktion.

Von einer endlichen Zahl von Teilchen kann man zu einer kontinuierlich verteilten Masse (oder Ladung) mit der Dichte $\rho(x)$ in einem Gebiet D übergehen. Dann wird das Potential des Anziehungsfeldes dieses Körpers in einem Punkt x durch das Integral

$$\int_D \frac{\rho(y)\,dy}{|x - y|}$$

berechnet (Abb. 8.1); diese Funktion von x ist in dem massefreien (oder ladungsfreien) Bereich des Raums harmonisch. Somit hängen die grundlegenden Naturgesetze mit harmonischen Potentialen zusammen.

Wir versuchen ohne Rechnung zu verstehen, wieso die Funktion $u = 1/r$ harmonisch ist, wieso also $\operatorname{div} \operatorname{grad} u = 0$.

Zunächst hängt $\operatorname{div} \operatorname{grad} u$ im Punkt x nur von r ab, also dem Abstand von x zu 0, so daß $\operatorname{div} \operatorname{grad} u(x) = f(\|x\|)$. Weiter betrachten wir das Gebiet zwischen zwei konzentrischen Sphären der Radien r und R mit $r < R$. Wir bestimmen den Fluß $\operatorname{grad} u$ durch den Rand dieses Gebiets. Der Gradient von

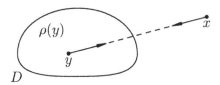

Abb. 8.1. Ein Gravitationsfeld

u ist zum Punkt 0 gerichtet und orthogonal zu den betrachteten Sphären. Der Flächeninhalt der äußeren Sphäre ist um den Faktor $(R/r)^2$ größer als der Flächeninhalt der inneren Sphäre. Aber die Länge des Gradienten ist an der äußeren Sphäre um genau denselben Faktor kleiner als an der inneren (die Kraft ist umgekehrt proportional zum Abstandsquadrat). Also sind die Gradientenflüsse durch die innere und die äußere Sphäre identisch, d.h. der Gradientenfluß durch den Rand des Gebiets ist identisch Null. Daraus folgt div grad$(1/r) = 0$. Im übrigen kann man die Gleichung $\Delta(1/r) = 0$ natürlich auch durch Differentiation überprüfen.

Jetzt wenden wir uns dem zweidimensionalen Fall zu. Wir betrachten eine holomorphe Funktion f in der Ebene oder in einem Gebiet. Aus dieser lassen sich leicht harmonische Funktionen wie Re $f(z)$, Im $f(z)$, $\ln|f(z)|$, $\arg f(z)$ konstruieren (wobei die letzten beiden Real- und Imaginärteil der holomorphen Funktion $\ln f(z)$ sind). Auch die Umkehrung gilt, d.h. jede harmonische Funktion läßt sich so darstellen.

Satz 1. *Jede harmonische Funktion in einem einfach zusammenhängenden Gebiet der Ebene ist der Realteil einer holomorphen Funktion, die auf diesem Gebiet bis auf eine additive imaginäre Konstante eindeutig definiert ist.*

Beweis. Gesucht ist eine holomorphe Funktion der Form $u + iv$, wobei eine harmonische Funktion u gegeben und v zu bestimmen ist. Die Cauchy-Riemannschen Bedingungen verlangen $u_x = v_y$, $u_y = -v_x$, so daß $dv = \alpha$ mit $\alpha = (-u_y)\,dx + u_x\,dy$. In einem einfachzusammenhängenden Gebiet existiert eine Funktion v mit einem solchen Differential, sofern $d\alpha = 0$. In diesem Fall kann man $v(x)$ bestimmen als $\int_{x_0}^{x} \alpha$, wobei das Integral nicht vom Weg in dem Gebiet abhängt, da nach der Stokesschen Formel das Integral über einen beliebigen geschlossenen Weg verschwindet. Es bleibt also nur die Bedingung $d\alpha = 0$ zu verifizieren. Es ist aber $d\alpha = (u_{xx} + u_{yy})\,dx \wedge dy = 0$, da u harmonisch ist. Folglich existiert die Funktion v und ist eindeutig bis auf eine additive reelle Konstante. $\square$

In der Ebene sind die Theorien der harmonischen und der analytischen Funktionen also im Wesentlichen gleich, da erstere die Realteile der letzteren sind. Das definiert die Rolle der analytischen Funktionen in der mathematischen Physik. Mit ihrer Hilfe lassen sich explizite Lösungen vieler Probleme bestimmen, etwa über die Luftströmung an Tragflächen (Zhukovskij).

Satz 2 (Die Mittelwerteigenschaft). *Der Mittelwert einer harmonischen Funktion auf dem Rand eines Kreises ist gleich ihrem Wert im Zentrum (Abb. 8.2)*

$$\frac{1}{2\pi} \int_0^{2\pi} u \, d\varphi = u(0) .$$

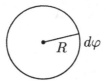

Abb. 8.2. Mittelwerteigenschaft

Weiter unten beweisen wir ein mehrdimensionales Analogon dieses Satzes und bemerken, daß man diese Eigenschaft harmonischer Funktionen zur Definition der Harmonizität heranziehen kann.

BEWEIS. Wie wir wissen ist $u = \operatorname{Re} f$ für eine holomorphe Funktion f. Nach dem Cauchyschen Integralsatz gilt

$$f(0) = \frac{1}{2\pi i} \int_\gamma \frac{f(t)}{t} \, dt .$$

Diese Gleichung gilt für jede Kurve γ, die den Punkt 0 einmal umläuft.

In dem reellen Satz nutzen wir explizit aus daß γ eine Kreislinie ist. Parametrisieren wir die Punkte der Kreislinie durch $t = Re^{i\varphi}$, so ist $\frac{dt}{t} = \frac{iRe^{i\varphi} \, d\varphi}{Re^{i\varphi}} = i \, d\varphi$. All dies setzen wir in das Cauchysche Integral ein, so daß

$$f(0) = \frac{1}{2\pi} \int_0^{2\pi} f(t) \, d\varphi , \quad f = u + iv .$$

Die zu zeigende Gleichung erhalten wir nun jeweils für den Real- und den Imaginärteil. Damit ist der Satz bewiesen. □

Im mehrdimensionalen Fall weichen die Theorien der harmonischen und der analytischen Funktionen voneinander ab.

Folgerung aus der Mittelwerteigenschaft

1. Das Maximumprinzip. *Eine harmonische Funktion nimmt im Innern ihres Gebiets kein Extremum an. Genauer gesagt, ist $u(x_0, y_0) = \max u(x, y)$ und $(x_0, y_0) \in D$, so ist $u \equiv$ const.*

BEWEIS. Es sei (x_0, y_0) ein Maximum im Innern. Wir wählen eine kleine Kreislinie um diesen Punkt, Abb. 8.3.

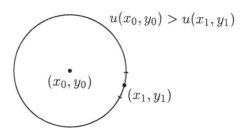

Abb. 8.3. Das Maximumprinzip

Ist der Wert von u in irgendeinem Punkt (x_1, y_1) der Kreislinie echt kleiner als in (x_0, y_0), so gilt dies auf Grund der Stetigkeit auch auf einem ganzen Kreisbogen, und die Mittelwerteigenschaft ist verletzt. Also ist die Funktion in einer Umgebung von (x_0, y_0) konstant. Mit anderen Worten, die Menge der Punkte (x_0, y_0), in denen $u(x_0, y_0) = \max u(x, y)$ gilt, ist offen. Aber diese Menge ist offensichtlich auch abgeschlossen, d.h. die Menge der inneren Maxima ist entweder leer, oder sie fällt mit der Zusammenhangskomponente zusammen. Also ist die Funktion auf der gesamten Zusammenhangskomponente, die (x_0, y_0) enthält, konstant. □

Dieser Beweis basiert nur auf der Mittelwerteigenschaft, so daß das Maximumprinzip auch im höherdimensionalen Fall sofort aus der höherdimensionalen Mittelwerteigenschaft folgen wird.

Aus der Sicht der analytischen Funktionen tritt im Maximumprinzip die lokale Gebietstreue hervor. Könnte nämlich der Realteil einer analytischen Funktion in einem inneren Punkt ein Maximum annehmen, so wäre das Prinzip der Gebietstreue verletzt, Abb. 8.4.

2. Eindeutigkeit. *Eine stetige Lösung des Dirichletproblems in einem zusammenhängenden beschränkten Gebiet ist eindeutig.*

BEWEIS. Die Differenz zweier Lösungen ist eine harmonische Funktion im Innern des Gebiets, die auf dem Rand identisch gleich Null ist. Da das Gebiet beschränkt ist, nimmt diese Differenz ihr Maximum und ihr Minimum (im Innern oder auf dem Rand) an. Werden das Maximum oder das Minimum

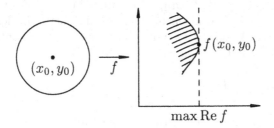

Abb. 8.4. Das Maximumprinzip und das Prinzip der Gebietstreue

im Innern angenommen, so ist die Funktion konstant und daher gleich Null. Werden sie beide auf dem Rand angenommen, so sind Maximum und Minimum der Funktion gleich Null und damit ist die Funktion wieder gleich Null. Es folgt daher aus dem Maximumprinzip, daß die Differenz in dem Gebiet identisch verschwindet.   □

Wir halten fest, daß die Eindeutigkeit der Lösung des Dirichletproblems für stetige Funktionen mit der Mittelwerteigenschaft folgt. Es gibt also höchstens eine Funktion mit der Mittelwerteigenschaft, die auf dem Rand eines beschränkten Gebiets vorgegebene Werte annimmt.

Bemerkung. In unbeschränkten Gebieten ist die Lösung nicht eindeutig. Zum Beispiel ist die Funktion $u(x, y) = x$ harmonisch in der Halbebene $x > 0$, stetig auf deren Abschluß und verschwindet auf dem Rand, aber nicht im Innern.

Satz 3. *Eine stetige Funktion, die die Mittelwerteigenschaft besitzt, ist harmonisch.*

BEWEIS. Wir betrachten in einem Gebiet das Dirichletproblem (im üblichen Sinne, d.h. für harmonische Funktionen) mit Randwerten, die gleich den Randwerten der gegebenen stetigen Funktion sind. (Später zeigen wir, daß eine Lösung existiert.) Die Differenz der Lösung und unserer Funktion verschwindet auf dem Rand, besitzt die Mittelwerteigenschaft und ist daher identisch Null in dem Gebiet.   □

Bemerkung. Daß der Kern des Laplaceoperators aus sehr glatten Funktionen – den Realteilen analytischer Funktionen – besteht, liegt in der Natur dieses Operators. Für den Wellenoperator ergibt sich ein völlig anderes Bild. Eine Singularität in den Anfangsdaten pflanzt sich entlang der Charakteristiken fort, so daß die Lösungen der Wellengleichung nicht glatter sind als die Anfangsdaten.

Wir gehen nun zur Lösung des Dirichletproblems über. Zuerst konstruieren wir die Lösung für den Kreis.

SKIZZE DER ERSTEN METHODE. Wir sammeln einen hinreichenden Vorrat an harmonischen Funktionen im Kreis. Auf dem Rand des Kreises betrachten wir die Funktion $\cos n\varphi$. Gibt es eine analytische Funktion mit diesem Realteil? Ja. Die Funktion ist

$$f_n(z) = \left(\frac{z}{R}\right)^n = \left(\frac{|z|}{R}\right)^n (\cos n\varphi + i \sin n\varphi) .$$

Der Realteil der Funktion $if_n(z)$ ist auf dem Rand $|z| = R$ gleich $-\sin n\varphi$. Also können wir das Dirichletproblem lösen, wenn die Randbedingung die Form $\cos n\varphi$ oder $\sin n\varphi$ hat. Wir wissen aber, daß sich jede Randbedingung in eine Reihe dieser Funktionen entwickeln läßt. Also können wir das Problem auch für beliebige Randbedingungen lösen   □

Wir realisieren die erste Methode für das Dirichletproblem auf einem Kreis. Die Randbedingung entwickeln wir in eine Fourierreihe

$$f(\varphi) = \frac{a_0}{2} + \sum (a_n \cos n\varphi + b_n \sin n\varphi) .$$

Mit Hilfe von Polarkoordinaten schreiben wir die Fortsetzung der Funktionen $\cos n\varphi$ und $\sin n\varphi$ als

$$\left(\frac{r}{R}\right)^n \cos n\alpha , \quad \left(\frac{r}{R}\right)^n \sin n\alpha .$$

Im Ergebnis erhalten wir die Lösung in Form der Reihe

$$u(r,\alpha) = \frac{a_0}{2} + \sum \left(a_n \left(\frac{r}{R}\right)^n \cos n\alpha + b_n \left(\frac{r}{R}\right)^n \sin n\alpha\right) . \qquad (*)$$

Unser Ziel ist eine Integraldarstellung der Lösung. Die Fourierkoeffizienten sind gleich

$$a_n = \frac{1}{\pi} \int_0^{2\pi} f(\beta) \cos n\beta \, d\beta ,$$

$$a_n = \frac{1}{\pi} \int_0^{2\pi} f(\beta) \sin n\beta \, d\beta ,$$

$$a_n = \frac{1}{\pi} \int_0^{2\pi} f(\beta) \, d\beta .$$

Setzen wir diese in $(*)$ ein, so erhalten wir

$$u(r,\alpha) = \frac{1}{\pi} \int_0^{2\pi} f(\beta) \left(\sum \left(\frac{r}{R}\right)^n \cos n(\alpha - \beta) + \frac{1}{2}\right) d\beta ,$$

wobei

$$z = (r,\alpha) , \quad \left(\frac{r}{R}\right)^n \cos n(\alpha - \beta) = \operatorname{Re}\left(\frac{z}{t}\right)^n , \quad t = Re^{i\beta} .$$

Indem wir die geometrische Reihe

$$\left(1 + \frac{z}{t} + \left(\frac{z}{t}\right)^2 + \ldots\right) - \frac{1}{2} = \frac{1}{1 - z/t} - \frac{1}{2} = \frac{t}{t - z} - \frac{1}{2} \,,$$

aufsummieren, erhalten wir

$$u(r, \alpha) = \int_0^{2\pi} f(\varphi) \operatorname{Re}\left(\frac{t + z}{t - z}\right) d\varphi \,.$$

Nun formen wir den Kern

$$\frac{t + z}{t - z} = \frac{(t + z)\overline{(t - z)}}{(t - z)\overline{(t - z)}}$$

um.

Der Realteil des Zählers ist $t\bar{t} - z\bar{z} = R^2 - r^2$, da der gemischte Term $t\bar{z} - \bar{z}t$ rein imaginär ist.

Der Nenner ist $|t - z|^2 = R^2 + r^2 - 2Rr\cos(\alpha - \beta)$.

So erhalten wir den Poisson-Kern

$$\frac{R^2 - r^2}{R^2 + r^2 - 2Rr\cos(\alpha - \beta)} \,,$$

und damit

$$u(r, \alpha) = \frac{1}{\pi} \int_0^{2\pi} \frac{R^2 - r^2}{R^2 + r^2 - 2Rr\cos(\alpha - \beta)} f(\beta)\,d\beta \,.$$

Aufgabe. Zeigen Sie, daß sich dieses Integral durch konforme Transformation der Lösung, die wir weiter unten für die Halbebene (zweite Methode) erhalten.

Nach dem Riemannschen Abbildungssatz läßt sich jedes einfach zusammenhängende beschränkte Gebiet konform auf den Kreis abbilden. Folglich kann man die Lösung des Dirichletproblems für jedes solche Gebiet mit Hilfe des Poisson-Kerns bestimmen, wenn die konforme Abbildung bekannt ist.

Skizze der zweiten Methode.

Aufgabe. Es seien u die Lösung des Dirichletproblems in einem Gebiet D_1 und $f : D_1 \to D_2$ eine konforme Abbildung zwischen Gebieten. Konstruieren Sie die Lösung des Dirichletproblems im Gebiet D_2. Versuchen Sie sich von der Korrektheit der konstruierten Lösung zu überzeugen, ohne den Laplaceoperator auszuwerten.

Bekanntlich läßt sich der Kreis konform auf die Halbebene abbilden. Wir versuchen das Dirichletproblem $\Delta u = 0$, $u(x,0) = g(x)$ für die Halbebene zu lösen.

Zunächst halten wir fest, daß für die in Abb. 8.5 dargestellte einfache Randbedingung die Lösung durch $\frac{1}{\pi}\varphi_a(x,y)$ gegeben ist, wobei

$$\varphi_a(x,y) = \operatorname{Im}\ln(z-a) = \arctan\frac{y}{x-a}.$$

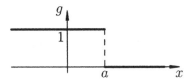

Abb. 8.5. Randbedingung eines Dirichletproblems in der Halbebene

Diese Funktion ist tatsächlich harmonisch in der Halbebene und erfüllt die Randbedingung aus Abb. 8.5. Jetzt betrachten wir die „Winkelfunktion" (vgl. Abb. 8.6)

$$F_{ab}(x,y) = \frac{1}{\pi}\Big(\varphi_b(x,y) - \varphi_a(x,y)\Big).$$

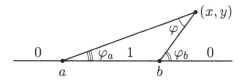

Abb. 8.6. „Winkelfunktion"

Diese ist in der Halbebene harmonisch und erfüllt die Randbedingung $g(x) = 1$ für $a < x < b$ und $g(x) = 0$ für $x < a$ und $x > b$.

Eine beliebige Randbedingung $g(x)$ auf der Geraden (von der wir annehmen, daß sie stetig ist und außerhalb eines endlichen Intervalls verschwindet) nähern wir durch stückweise konstante Funktionen an (Abb. 8.7). Die entsprechende harmonische Funktion ist dann

$$\sum \frac{F_{ab}\, g(a)(x-a)}{b-a}.$$

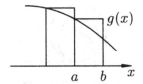

Abb. 8.7. Approximation mit stückweise konstanten Randbedingungen

Wir gehen zum Limes über, wenn die Unterteilung immer feiner wird und erhalten eine harmonische Funktion mit der Randbedingung $g(x)$, die sich als das Integral

$$\int \lim_{b \to a} \frac{F_{ab}(x, y)}{b - a} g(a) \, da$$

schreiben läßt.

Die Funktion $\lim_{b \to a} \frac{F_{ab}(x,y)}{b-a}$ in diesem Integral heißt Kern. Wir untersuchen ihre Niveaulinien. Das Bild der Niveaulinien von $F_{ab}(x, y)$ ist in Abb. 8.8 dargestellt.

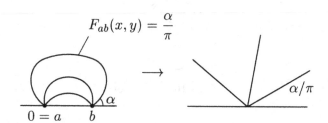

$$F_{ab}(x, y) = \frac{\alpha}{\pi}$$

Abb. 8.8. Niveaulinien der Funktion $F_{ab}(x, y)$

Eine konforme Abbildung, die die 0 festhält und a nach ∞ verschiebt, transformiert dieses Bild in das einfache Bild der Niveaulinien des Winkelarguments. Teilt man durch die Länge des Intervalls und vollzieht den Grenzübergang, ergibt sich das Bild der Niveaulinien wie in Abb. 8.9.

Nun schauen wir, was eine Rechnung liefert: Die Ableitung der Funktion $\frac{1}{\pi} \arctan \frac{y}{x-a}$ nach dem Parameter a ist

$$\frac{d}{da}\left(\frac{1}{\pi} \arctan \frac{y}{x - a}\right) = \frac{1}{\pi} \frac{1}{1 + \left(\frac{y}{x-a}\right)^2} \frac{y}{(x - a)^2} = \frac{1}{\pi} \frac{y}{(x - a)^2 + y^2}.$$

Schließlich ist

Abb. 8.9. Niveaulinien des Kerns

$$u = \frac{1}{\pi} \int_{-\infty}^{\infty} \frac{y}{(x-a)^2 + y^2} \, g(a) \, da \; .$$

Das Bild der Niveaulinien des Kerns in Abb. 8.10 ist uns aus der Physik wohlbekannt. Es handelt sich um das Bild der Äquipotentiallinien eines sogenannten Dipols (die Feldlinien des Dipols, die orthogonal zu den Äquipotentiallinien verlaufen, formen ein ebensolches Bild). □

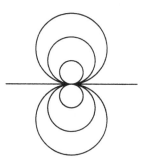

Abb. 8.10. Ein Dipol

Die Mittelwerteigenschaft im höherdimensionalen Fall

Das Maximumprinzip im höherdimensionalen Fall.
Wir erklären geometrisch, warum eine harmonische Funktion keine strikten Maxima im Innern haben kann. Eine harmonische Funktion minimiert das Dirichletsche Integral $\int_D (\nabla u)^2 \, dx$.

Gäbe es ein striktes Maximum im Innern, so wäre der Graph in einer Umgebung glockenförmig, Abb. 8.11. Durch Abschneiden des Höckers erhielten wir eine Funktion mit kleinerem Dirichletschen Integral. Deshalb kann eine Funktion mit einem strikten Maximum im Innern nicht das Dirichletsche Integral minimieren.

Allerdings erfaßt diese Überlegung nicht den Fall eines nicht strikten Maximums, Abb. 8.12. Trotzdem haben wir gezeigt, daß eine Funktion die auf

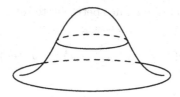

Abb. 8.11. Eine Funktion, die das Dirichletsche Integral nicht minimiert

Abb. 8.12. Ein nicht striktes Maximum

dem Rand eines beschränkten Gebiets verschwindet und die das Dirichletsche Integral minimiert, auf dem ganzen Gebiet identisch verschwindet.

Das Maximumprinzip ergibt sich in vollem Umfang aus der Mittelwerteigenschaft.

BEWEIS DER MITTELWERTEIGENSCHAFT. Auf der Sphäre im $\mathbb{R}^n$ mit Radius R und Zentrum in 0 betrachten wir ein Element Ω_{m-1} des Raumwinkels, d.h. die Projektion eines Flächenelements auf die Einheitssphäre mit demselben Zentrum, Abb. 8.13.

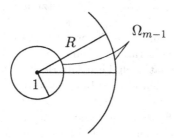

Abb. 8.13. Zum Beweis der Mittelwerteigenschaft

Wir setzen $f(R) = \int_{|x|=R} u(x)\, d\Omega_{m-1}$. Dann ist

$$f'(R) = \int_{|x|=R} \frac{\partial u}{\partial n}\, d\Omega_{m-1} = \int_{|x|=R} (\nabla u, n)\, d\Omega_{m-1}$$

der Gradientenfluß u durch die Sphäre geteilt durch R^{m-1}. Ist aber u harmonisch, so ist dieser Fluß gleich Null. Folglich ist $f'(R) = 0$, d.h. $f(R) = \text{const}$.

Ist aber der Radius R klein, so ist das betrachtete Integral natürlich ungefähr $u(0)$. Also folgt $f(R) = u(0)$, was zu zeigen war.   □

Folgerung. *Es ist $u(0) = \frac{1}{V_R} \int_{|x| \leq R} u(x) \, dx$, wobei V_R das Volumen einer Kugel vom Radius R ist.*

Um über eine Kugel zu integrieren, kann man nämlich zunächst über eine Sphäre von festem Radius und dann über den Radius integrieren.

Folgerung. *Für harmonische Funktionen im n-dimensionalen Raum gilt das Maximumprinzip.*

Folgerung. *Eine Lösung des Dirichletproblems im n-dimensionalen Fall ist eindeutig.*

Bemerkungen

1. Bei der Herleitung der Poissonschen Formel haben wir die Konvergenz bis zum Rand nicht überprüft. Natürlich zeigen unsere Überlegungen, daß eine Formel zur Lösung des Dirichletproblems notwendigerweise die Gestalt

$$u(r, \alpha) = \frac{1}{\pi} \int_0^{2\pi} \frac{R^2 - r^2}{R^2 + r^2 - 2Rr\cos(\alpha - \beta)} \, f(\beta) \, d\beta \qquad (**)$$

hat.

Man muß aber trotzdem genau überprüfen, ob die durch Formel $(**)$ definierte Funktion u tatsächlich für jede stetige Funktion f das Dirichletproblem löst. Versuchen Sie die nötigen Abschätzungen zu machen. (Sollte das Schwierigkeiten bereiten, so können Sie die entsprechenden Überlegungen in H. Cartans Lehrbuch „Elementare Theorie der analytischen Funktionen einer oder mehrerer komplexen Veränderlichen"[1] auf den Seiten 131–134 finden.)

2. Selbstverständlich hat auch die zweite Herleitung der Poissonschen Formel (für die Halbebene) denselben Mangel wie die erste. Wir erklären, wie man den Poisson-Kern aufstellt, aber wir überprüfen nicht, ob die erhaltene Lösung für jede stetige Funktion auf dem Rand taugt.

3. Bei der zweiten Herleitung der Poissonschen Formel lösen wir zunächst das Dirichletproblem für sehr einfache, aber dennoch unstetige Randdaten. Die gefundenen Lösungen (die mit der „Winkelfunktion" zu tun haben) sind beschränkt. Nur für beschränkte Lösungen kann man die Eindeutigkeit der Lösung des Dirichletproblems bei unstetigen Randdaten garantieren, aber dieses Ergebnis haben wir weder formuliert noch bewiesen. All dies unterstreicht, daß unsere Herleitung der Poissonschen Formel rein heuristisch ist.

4. Hier ist ein Beispiel für ein Dirichletproblem dessen unbeschränkte Lösungen nicht eindeutig sind. Wir betrachten das Dirichletproblem auf der

---

[1] Bibliographisches Institut, Mannheim, 1966 (Anm. d. Übers.)

Halbebene $y \geq 0$ mit der Randbedingung $u(x,0) \equiv 0$. Zugelassen sind Lösungen mit einer Unstetigkeit in ∞. Für jede ganze Funktion $f(z)$, die auf der reellen Achse reell ist (etwa $f(z) = z$ oder $f(z) = \exp(z)$) löst $u = \operatorname{Im} f(z)$ unser Problem. Wir stellen fest, daß bis auf $u \equiv 0$ alle diese Lösungen unbeschränkt sind. Zeigen Sie das mit Hilfe der Theorie analytischer Funktionen!

Zeigen Sie noch eine allgemeinere Tatsache: Zwei beschränkte Funktionen, die im Innern eines Kreises harmonisch sind, auf dem Rand des Kreises übereinstimmen und endlich viele Unstetigkeitsstellen besitzen, sind in ihren Stetigkeitsstellen identisch.

Vorlesung 9. Fundamentallösungen des Laplaceoperators. Potentiale

Die Wechselwirkung zwischen Mathematik und Physik geht manchmal seltsame Wege. Dirac, einer der bedeutendsten Physiker des 20. Jahrhunderts, hat eine Strategie der theoretischen Physik wie folgt ausgedrückt: „Macht man sich daran, eine physikalische Theorie zu entwickeln, so muß man alle vorangegangen physikalischen Modelle verwerfen, und genauso die darauf aufgebaute „physikalische Intuition", die nichts anderes als eine Sammlung vorweggenommener Gesichtspunkte ist". Man muß, so sagt Dirac, einfach eine schöne mathematische Theorie auswählen und dann physikalische Interpretationen ihrer Folgerungen suchen, ohne Widersprüche mit früheren Theorien zu fürchten.

„ I learnt to distrust all physical concepts as the basis for a theory. Instead one should put one's trust in a mathematical scheme even if the scheme does not appear at first sight to be connected with physics. One should concentrate on getting an interesting mathematics."

P. M. Dirac

(zitiert nach dem Buch von P. Massani: *N. Wiener*, Birkhäuser 1990, S. 6).

Und so erstaunlich es ist, die ganze Erfahrung der Physik des 20. Jahrhunderts (im Unterschied zur Physik des 19. Jahrhunderts) bestätigt, daß Dirac recht hatte. Es ist auffällig, daß jede neue physikalische Theorie alle vorangegangenen verdrängt. Die mathematischen Modelle aber bleiben.

Jetzt aber beschäftigen wir uns mit einer mathematischen Theorie, die umgekehrt lange von den Mathematikern nicht akzeptiert wurde, obwohl die Physiker sie schon erfolgreich nutzten, nämlich der Theorie der sogenannten verallgemeinerten Funktionen. Das wichtigste Beispiel einer verallgemeinerten Funktion ist die Diracsche δ-Funktion. Wir betrachten sie zunächst auf der Geraden und dann im $\mathbb{R}^n$; man könnte sie auch auf einer beliebigen Mannigfaltigkeit definieren. Sie ist ein mathematisches Analogon solcher physikalischer Konzepte wie einer Punktladung oder eines Massepunktes.

Die physikalische „Definition", gegen die sich orthodoxe Mathematiker empören, ist folgende. Die δ-Funktion ist überall 0, nur im Nullpunkt ist ihr Wert Unendlich, und ihr Integral über die gesamte Gerade hat den Wert 1. Physiker können sehr gut mit solchen Definitionen arbeiten, die mathematisch offensichtlich unsinnig sind.

Wir verwenden die folgende Definition, die einfach in der Handhabung ist, leicht die physikalische Bedeutung erklärt und nicht ganz so pedantisch wie in der „richtigen mathematischen Theorie verallgemeinerter Funktionen" ist.

Unsere δ-Funktion in der Variablen x wird mit $\delta(x)$ bezeichnet und ist in 0 konzentriert. Tritt $\delta(x)$ in irgendeiner Formel auf, so muß man in dieser Formel $\delta(x)$ durch eine δ-förmige Funktion $\delta_\varepsilon(x)$ ersetzen und dann den Grenzübergang für $\varepsilon \to 0$ vollziehen.

Eine δ-*förmige Funktion* δ_ε ist eine gewöhnliche glatte Funktion mit folgenden Eigenschaften:

1) Ihr Integral über die ganze Gerade ist 1.

2) Sie ist nichtnegativ.

3) Sie ist konzentriert im Intervall $]-\varepsilon, \varepsilon[$, d.h. außerhalb verschwindet sie.

(Die letzten beiden Bedingungen lassen sich abschwächen.)

Die typische Gestalt einer δ-förmigen Funktion ist in Abb. 9.1 zu sehen.

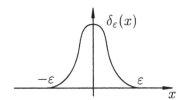

Abb. 9.1. Eine δ-förmige Funktion

Beim Grenzübergang kann man die δ-förmige Funktion fixieren (ε tritt dann als Parameter in der Formel auf), aber man braucht sie nicht festzulegen, solange nur die Funktionenfamilie $\delta_\varepsilon(x)$ die Eigenschaften 1)–3) hat.

Beispiele und Eigenschaften

1. Es gilt $\int \delta(x)\, dx = \lim_{\varepsilon \to 0} \int \delta_\varepsilon(x)\, dx = 1$.

2. Es ist $\delta(x) = 0$ für $x \neq 0$, da $\lim_{\varepsilon \to 0} \delta_\varepsilon(x) = 0$ für $x \neq 0$.

3. Wir berechnen $\int f(x)\delta(x)\, dx$, wobei $f(x)$ eine stetige Funktion ist.

Den wesentlichen Beitrag zu dem Integral $\int f(x)\delta_\varepsilon(x)\, dx$ leistet der Ausdruck $\int f(0)\delta_\varepsilon(x)\, dx$, Abb. 9.2. Dieser strebt für $\varepsilon \to 0$ gegen $f(0)$; die Differenz zwischen ihm und dem Integral strebt für $\varepsilon \to 0$ gegen 0 (das ist eine Übungsaufgabe). Folglich ist $\int f(x)\delta(x)\, dx = f(0)$.

4. Analog ist $\int f(x)\delta(x - y)\, dx = f(y)$.

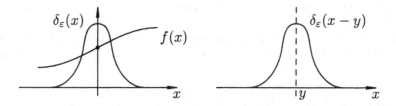

Abb. 9.2. Zur Berechnung einer Faltung mit der δ-Funktion

Die Überlegung ist dieselbe, wenn man beachtet, daß $\delta_\varepsilon(x - y)$ die aus einer Umgebung von 0 in eine Umgebung von y verschobene Funktion $\delta_\varepsilon(x)$ ist, Abb. 9.2.

Die Formel aus 4. hat noch folgende bemerkenswerte Interpretation: Eine beliebige Funktion f ist eine kontinuierliche Linearkombination verschobener, in y konzentrierter, δ-Funktionen $\delta(\cdot - y)$ mit den Koeffizienten $f(y)$. In diesem Sinne stellen die δ-Funktionen $\delta(\cdot - y)$ eine „kontinuierliche Basis" des Raums der Funktionen auf der Geraden dar. Desweiteren ist es hilfreich, $\delta(\cdot - y)$ als die Dichte einer punktförmigen Einheitsmasse oder Einheitsladung, die in y konzentriert ist, zu begreifen.

5. Homogenität.

Definition. Eine Funktion f heißt *homogen vom Grad d*, falls für beliebige $\lambda > 0$ die Gleichung $f(\lambda x) = \lambda^d f(x)$ gilt.

Wir klären, ob die δ-Funktion homogen ist und welchen Grad sie eventuell hat. Als Beispiel wählen wir $\delta(2x)$, d.h. wir setzen $2x$ statt x in die Funktion $\delta_\varepsilon(x)$ ein. Das Integral verkleinert sich auf die Hälfte. Im Grenzfall erhalten wir $\delta(2x) = \frac{1}{2}\delta(x)$. Eine analoge Überlegung kann man für beliebige Faktoren durchführen. Also ist $\delta(x)$ homogen vom Grad -1, genauso wie die Funktion $1/x$. Diese Ähnlichkeit ist kein Zufall, denn in einem gewissen Sinne sind die beiden Funktionen verwandt, wenn auch nur im eindimensionalen Fall.

Im n-dimensionalen Fall ist die Funktion $\delta(x)$ homogen vom Grad $-n$. Davon kann man sich auch folgendermaßen überzeugen. Es ist $\delta(x_1, \ldots, x_n) = \delta(x_1) \cdots \delta(x_n)$, da das entsprechende Produkt δ-förmiger Funktionen eine δ-förmige Funktion im n-dimensionalen Raum liefert. Da alle Faktoren homogen vom Grad -1 sind, ist das Produkt offensichtlich homogen vom Grad $-n$.

Exkurs. Das Superpositionsprinzip

Obwohl dieses Prinzip grundlegend für die sogenannte Lineare Physik ist, ist es dem Wesen nach eine einfache Tatsache der Linearen Algebra.

Wir betrachten einen linearen Operator $L : V \to W$ der einen Vektorraum in einen anderen abbildet. Desweiteren betrachten wir die inhomogene lineare Gleichung $Lu = f$. Die Gleichung ist genau dann lösbar, wenn $f \in \text{Bild}\,L$, wobei Bild $L = L(V)$ ein Unterraum von W ist. Die Lösungen bilden einen affinen Unterraum von V, der parallel zu Kern L liegt, wobei Kern L ein Unterraum von V ist. Genauer sei u_f irgendeine Lösung der inhomogenen Gleichung. Dann hat die allgemeine Lösung die Gestalt $u = u_f + u_0$, wobei u_0 die allgemeine Lösung der homogenen Gleichung $Lu = 0$ ist, Abb. 9.3

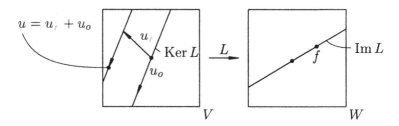

Abb. 9.3. Die Lösungen einer linearen inhomogenen Gleichung

Jetzt formulieren wir das eigentliche Superpositionsprinzip. Es seien u_1 und u_2 Lösungen der entsprechenden Gleichungen $Lu = f_1$ und $Lu = f_2$. Dann ist $\alpha_1 u_1 + \alpha_2 u_2$ eine Lösung der Gleichung $Lu = \alpha_1 f_1 + \alpha_2 f_2$, wobei α_1, α_2 beliebige Konstanten sind.

Physikalisch gesprochen: Werfen wir einen Stein ins Wasser, erhalten wir ein gewisses Wellenmuster; werfen wir einen zweiten Stein, erhalten wir ein anderes Wellenmuster. Werfen wir beide Steine zusammen ins Wasser, so ist das entstehende Wellenmuster genauso als hätten wir das Wellenmuster des ersten Steins und das des zweiten übereinandergelegt.

Die Beweise aller angeführten Behauptungen sind auf Grund der Linearität des Operators trivial.

Nun verbinden wir das Superpositionsprinzip mit der Möglichkeit, eine beliebige Funktion als Superposition von δ-Funktionen darzustellen. Wir erhalten das folgende. Wenn wir eine lineare Differentialgleichung lösen wollen, auf deren rechter Seite eine beliebige Funktion f steht, dann genügt es, diese für die δ-Funktion als rechte Seite zu lösen und dann das Superpositionsprinzip anzuwenden. Nur muß man anstatt einer Summe ein Integral schreiben.

Wir wenden diese Überlegungen auf die *Poisson-Gleichung* $\Delta u = f$ an. Zunächst müssen wir die Gleichung $\Delta u = \delta(x)$ lösen. Natürlich ist die Lösung dieser Gleichung nicht eindeutig, denn der Kern des Operators Δ besteht aus den harmonischen Funktionen, so daß man zu einer Lösung eine beliebige harmonische Funktion addieren kann.

Aber aus allen Lösungen der Gleichung $\Delta u = \delta(x)$ kann man eine besondere auswählen, die sogenannte *Fundamentallösung*. Wir wollen nun zeigen, nach welchem Prinzip man sie auswählen kann.

Der Laplaceoperator ist bezüglich der euklidischen Gruppe von Bewegungen (Drehungen und Verschiebungen) invariant. Schließlich ist der Laplaceoperator die Divergenz des Gradienten und daher nur durch die euklidische Struktur festgelegt. Andererseits ist auch die δ-Funktion kugelsymmetrisch. Deshalb geht bei einer Drehung um den Ursprung eine Lösung der Gleichung $\Delta u = \delta$ wieder in eine Lösung dieser Gleichung über. Auch das arithmetische Mittel zweier Lösungen ist eine Lösung. Überhaupt ist eine beliebige Konvexkombination (also eine Linearkombination, bei der sich alle Koeffizienten zu 1 aufsummieren) von Lösungen wieder eine Lösung. Deshalb kann man die Lösung über die Gruppe aller Drehungen um den Koordinatenursprung mitteln. Diese Gruppe ist kompakt.

Beispielsweise ist für $n = 2$ die Gruppe $SO(2)$ der Drehungen der Ebene isomorph zur Kreislinie S^1; das Maß, bezüglich dessen gemittelt wird, ist $\frac{1}{2\pi}d\varphi$.

Für $n = 3$ ist die Drehgruppe $SO(3)$ isomorph zum dreidimensionalen projektiven Raum $\mathbb{R}P^3$. Sie wird zweiblättrig von der dreidimensionalen Sphäre überdeckt (der Gruppe der Einheitsquaternionen), die ihrerseits isomorph zur speziellen unitären Gruppe $SU(2)$ ist, die auch als Spingruppe dritter Ordnung bezeichnet wird, vergleiche folgendes Diagramm:

$$S^3 \cong SU(2) = \text{Spin}\ 3$$

$$2 \Big\downarrow$$

$$SO(3) \cong \mathbb{R}P^3$$

Insbesondere kann man die Metrik von $SO(3)$ bei einer zweiblättrigen Überlagerung auf S^3 übertragen. Diese Metrik ist invariant bezüglich Drehungen, d.h. sie ist auch ein Maß, bezüglich dessen man mitteln kann.

Durch die Mittelung erhalten wir eine drehungsinvariante Lösung. Der Wert von $u(x)$ hängt also nur vom Abstand des Punktes x zum Ursprung ab. Für solche Funktionen verwandelt sich der Operator Δ in einen gewöhnlichen linearen Differentialoperator zweiter Ordnung. Die Gleichung für u hat daher im Fall $r > 0$ die Form $u'' + A(r)u' + B(r)u = 0$; (auf der rechten Seite steht 0, da für $r > 0$ die δ-Funktion verschwindet).

Die Koeffizienten A, B kann man explizit ausrechnen, wenn man nicht zu faul ist, beim Laplaceoperator zu Polarkoordinaten überzugehen, aber man kann auch ohne Rechnungen auskommen. Erstens kennen wir die triviale Lösung $u \equiv 1$. Folglich ist $B \equiv 0$, und der Operator hat die Form $u'' + A(r)u'$.

Jetzt wenden wir Homogenitätsüberlegungen an. Der Laplaceoperator bildet homogene Funktionen auf homogene Funktionen ab, wobei sich der Grad um 2 verringert. Da $\delta(x)$ homogen von der Ordnung $-n$ ist, muß die homogene Lösung u der Gleichung $\Delta u = \delta$ homogen vom Grad $2 - n$ sein. Folglich ist eine solche Lösung proportional zu $1/r^{n-2}$, speziell im Fall $n = 3$ also zu $1/r$. (Wir merken an, daß diese Formel für $n = 2$ nicht gilt. In diesem Fall gibt es keine homogene, nicht konstante Lösung.)

Wir wenden den Laplaceoperator an: $\Delta\left(\frac{1}{r^{n-2}}\right) = \operatorname{div}\operatorname{grad}\left(\frac{1}{r^{n-2}}\right)$.

Der Gradient unserer homogenen Funktion ist ein Feld von Vektoren, die entlang der Radien zum Zentrum zeigen; ihre Länge ist gleich dem Betrag der Ableitung nach r:

$$\frac{d}{dr}\, r^{n-2} = (2 - n)r^{1-n} = \frac{2 - n}{r^{n-1}}\,.$$

(Zur Probe: Im Fall $n = 3$ ist der Gradient des Potentials eine Newtonsche Kraft, die umgekehrt proportional zu r^2 ist.)

Zur Berechnung der Divergenz beachten wir, daß diese invariant bezüglich Drehungen ist. Wir bestimmen den Fluß des gefundenen Gradientenfelds durch zwei konzentrische Sphären, Abb. 9.4.

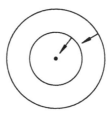

Abb. 9.4. Berechnung von $\operatorname{div}\operatorname{grad} r^{2-n}$

Der Fluß durch eine Sphäre ist gleich der Feldstärke multipliziert mit dem Flächeninhalt der Sphäre. Der Flächeninhalt einer Sphäre mit Radius R ist gleich $\omega_{n-1}R^{n-1}$, wobei ω_{n-1} die Fläche der Einheitssphäre ist (also etwa $\omega_2 = 4\pi$, $\omega_1 = 2\pi$). Es ergibt sich, daß der Fluß gleich $(2 - n)\omega_{n-1}$ ist, insbesondere -4π für $n = 3$.

Unser Feld hat also die bemerkenswerte Eigenschaft, „nicht komprimierend" zu sein: Der Fluß durch eine beliebige Sphäre mit Zentrum in 0 ist konstant. Durch diese Eigenschaft ist ein kugelsymmetrisches Feld eindeutig definiert (bis auf einen konstanten Faktor). Im dreidimensionalen Raum etwa ist nur das Newtonsche Feld nicht komprimierend. Auch in der Ebene existiert ein $O(2)$-invariantes nicht komprimierendes Feld: Die Längen der Feldvektoren sind umgekehrt proportional zum Abstand vom Ursprung. Dies ist ein Gradientenfeld, aber sein Potential ist nicht homogen, sondern $\ln\frac{1}{r}$. Wir gelangen zu der erstaunlichen Formel $\frac{1}{r^0} \sim \ln\frac{1}{r}$.

Bemerkung 1. Diese Formel und mit ihr auch die Fundamentallösung der Gleichung $\Delta u = \delta$ hätten wir erraten können, wenn wir die Dimension

$n = 2$ der Ebene als Grenzfall der Dimensionen $n = 2 + \varepsilon$ betrachten:

$$\frac{1}{r^{n-2}} = \frac{1}{r^{\varepsilon}} = \exp\left(\varepsilon \ln \frac{1}{r}\right) = 1 + \varepsilon \ln \frac{1}{r} + O(\varepsilon^2).$$

Wir kehren zur Berechnung der Divergenz zurück. Der Gesamtfluß des Feldes durch die Schicht zwischen zwei konzentrischen Sphären ist Null. Dieser Fluß ist aber das Integral der Divergenz über die Schicht. Also ist

$$\int_{r_1}^{r_2} r^{n-1} \operatorname{div} \operatorname{grad}(r^{2-n})\, dr = 0$$

für beliebige r_1, r_2, und daher ist die Divergenz selbst gleich Null. Schließlich haben wir

$$\Delta\left(\frac{1}{r^{n-2}}\right) = \operatorname{div} \operatorname{grad}\left(\frac{1}{r^{n-2}}\right) = 0$$

für $r > 0$. Damit können wir auch den Koeffizienten $A(r)$ bestimmen und sind so einer langen Variablensubstitution aus dem Weg gegangen.

Feststellung. *Auf dem ganzen Raum ist* $\Delta\left(\frac{1}{r^{n-2}}\right) \neq 0$.

Um das zu sehen, betrachten wir den Fluß $(2 - n)\omega_{n-1}$ des Gradientenfeldes durch eine Sphäre mit Zentrum in 0. Die Sphäre kann durch den Rand eines beliebigen Gebiets ersetzt werden. Enthält dieses Gebiet die 0, so ist die Divergenz des Feldes gleich $(2 - n)\omega_{n-1}$, andernfalls ist sie gleich Null. Nach der Definition der δ-Funktion bedeutet dies aber gerade, daß die Divergenz des Feldes gleich

$$(2 - n)\omega_{n-1}\delta(x)$$

ist. Für $n = 3$ haben wir zum Beispiel $\Delta\left(\frac{1}{r}\right) = -4\pi\delta(x)$.

Das hätten wir uns natürlich auch mit Hilfe der δ-förmigen Funktionen überlegen können. Doch wir sehen, um wieviel alles einfacher wird, wenn man gleich mit dem idealisierten Grenzobjekt arbeitet, nämlich der δ-Funktion selbst.

Für $n = 2$ ist die Funktion $\ln(1/r)$ als Fundamentallösung (Potential) geeignet. Ihre Ableitung nach r ist nämlich gleich $-1/r$, und weiter sind alle unsere Überlegungen anwendbar.

Wir stellen fest, daß auf der Ebene der Felder unser Resultat allgemein für alle Dimensionen ist: Das Feld ist umgekehrt proportional zu r^{n-1}. Auch der Fall $n = 1$ ist dabei eingeschlossen. Die Fundamentallösung des Operators $\frac{d^2}{dx^2}$ ist die Funktion $|tx|$ mit geeignetem t. Das Feld ist dem Betrage nach proportional zu $\frac{1}{r^{1-1}}$, d.h. konstant, Abb. 9.5.

Wir sehen, daß $t = 1/2$, so daß die Fundamentallösung gleich $|x|/2$ ist. Interessanterweise fügt sich der Fall $n = 1$ auch auf der Ebene der Koeffizienten in das allgemeine Bild. Die allgemeine Formel der Fundamentallösung

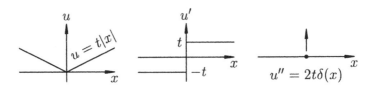

Abb. 9.5. Die Fundamentallösung des Laplaceoperators für $n = 1$

$$u_0 = \frac{1}{(2-n)\omega_{n-1}r^{n-2}}$$

verwandelt sich für $n = 1$ in $\frac{r}{\omega_0} = \frac{r}{2}$. Tatsächlich ist die Fläche ω_0 (der 0-dimensionale Flächeninhalt) der 0-dimensionalen Sphäre, die aus zwei Punkten besteht, gleich zwei.

Somit gilt die allgemeine Formel für die Fundamentallösung in allen Dimensionen außer der Dimension 2; im Fall $n = 2$ tritt der Logarithmus auf: $u_0 = -\frac{1}{2\pi}\ln\frac{1}{r}$.

Bemerkung 2. Daß hier der Logarithmus auftritt hat seine eigenen tiefreichenden Gründe. Der Logarithmus spielt für die Potenzfunktion genau die gleiche Rolle, wie sie die verallgemeinerten Eigenvektoren für die Eigenvektoren in der Theorie der Jordan-Blöcke spielen. Diese Situation ist bereits aus der Theorie der Resonanzen bei der Lösung linearer homogener Differentialgleichungen mit konstanten Koeffizienten bekannt. Wenn Eigenwerte von höherer Vielfachheit auftreten, dann gesellen sich zu den Exponentialfunktionen Quasipolynome.

Physikalisch bedeutet eine Fundamentallösung das Potential einer punktförmigen Einheitsladung im Punkt 0. Der Gradient dieses Potentials ist das von diesem Potential erzeugte Feld.

Vom physikalischen Standpunkt sind Felder für $n = 3$ interessant. Aber auch Felder kleinerer Dimension kann man aus dreidimensionalen Bildern erhalten, wenn diese eine entsprechende Symmetrie aufweisen.

Zum Beispiel betrachten wir eine gleichmäßig geladene Gerade im $\mathbb{R}^3$. Wir bestimmen die von diesem Feld in einem gegebenen Punkt ausgeübte Kraft als die resultierende Kraft aller von entlang der Geraden verteilten Punktladungen ausgehenden Kräfte. Das Ergebnis ist das gleiche, wie wenn wir eine Ebene betrachten, die durch unseren Punkt orthogonal zu der Geraden verläuft, wobei die Gesamtladung der Geraden sich nun im Punkt 0 befinde, Abb. 9.6.

WARNUNG. Addieren muß man wirklich die Kräfte und nicht die Potentiale, weil das zugehörige Integral für die Potentiale divergiert. Wir erhalten noch eine bemerkenswerte und erstaunliche Formel

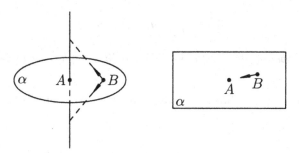

Abb. 9.6. Eine geladene Gerade erzeugt in jeder orthogonalen Ebene das gleiche Feld, wie eine Punktladung in der Ebene.

$$\int_{-\infty}^{\infty} \frac{dz}{\sqrt{r^2 + z^2}} \sim 2 \ln \frac{1}{r} + \text{const}$$

(zu fragen, welchen Wert die Konstante hat, ist verboten!).

Wenn die Ladung auf einer Ebene verteilt ist, so erhalten wir ganz analog auf jeder orthogonalen Geraden dasselbe Bild, wie es eine Punktladung im Fall $n = 1$ erzeugt.

Analoge Reduktionen sind in beliebigen Dimensionen möglich.

Jetzt betrachten wir eine stetige Funktion $f(x)$, die in einem beschränkten Gebiet Ω definiert ist. Die Lösung u der Poisson-Gleichung $\Delta u = f$ kann man mit dem Superpositionsprinzip bestimmen, indem man f als Überlagerung von verschobenen δ-Funktionen darstellt. Es sei u_0 die Fundamentallösung, also $\Delta u_0(x) = \delta(x)$. Mit anderen Worten ist $u_0(x)$ das Potential, das von einer im Nullpunkt plazierten Einheitsladung erzeugt wird. Befindet sich eine Ladung der Größe $f(y)$ im Punkt y, so erzeugt sie im Punkt x das Potential $f(y)u_0(x - y)$.

Die Überlagerung all dieser Felder ist ein Potentialfeld, das durch die Formel

$$u(x) = \int_{\Omega} f(y)u_0(x - y)\, dy$$

gegeben ist. Diese Funktion heißt *Poissonsches Integral*. Nach dem Superpositionsprinzip ist

$$\Delta u(x) = \int_{\Omega} f(y)\delta(x - y)\, dy = f(x) .$$

Daher ist $u(x)$ die Lösung der Poisson-Gleichung.

Satz. *Eine stetige Funktion f sei in einem beschränkten Gebiet Ω konzentriert. Dann existiert eine Lösung der Poisson-Gleichung $\Delta u = f$, die durch die Formel*

$$u(x) = \int_\Omega f(y)u_0(x-y)\,dy$$

gegeben ist, wobei u_0 die Fundamentallösung des Laplace-Operators ist.

Ist die explizite Lösung erst einmal gefunden, so kann man direkt nachweisen, daß sie die Gleichung erfüllt, ohne daß man δ-Funktionen verwendet.

Übung. Beweisen Sie den Satz direkt.

Die Lösung ist nicht eindeutig, man kann eine beliebige harmonische Funktion dazu addieren. Eine eindeutige Lösung kann man aussondern, indem man Bedingungen an das Verhalten in Unendlich stellt.

Für $n > 2$ konvergiert die Fundamentallösung in Unendlich gegen Null, damit verschwindet dort auch das Poisson-Integral. Durch diese Bedingung ist eine Lösung eindeutig festgelegt, denn die Differenz zweier solcher Lösungen wäre eine harmonische Funktion, die in Unendlich verschwindet. Nach dem Maximumprinzip ist diese Funktion konstant gleich Null.

Für $n = 2$ wird eine, bis auf eine additive Konstante eindeutige Lösung durch die Bedingung $|u(x)| \leq C \ln|x|$ festgelegt.

Nun betrachten wir Ladungen, die nur auf dem Rand $\partial\Omega$ eines Gebiets Ω gegeben sind. Die Oberflächendichte der Ladungen in einem Randpunkt y bezeichnen wir mit $f(y)$. Wir setzen

$$u(x) = \int_{\partial\Omega} f(y)u_0(x-y)\,dy \,.$$

Diese Funktion ist überall außerhalb des Randes des Gebiets Ω harmonisch und verschwindet in Unendlich (für $n = 2$ wächst $|u|$ nicht schneller als der Logarithmus).

Was passiert in den Punkten des Randes selbst? Wir betrachten ein Randelement dS und einen Zylinder über dS entlang der Normalen mit einer kleinen Höhe ε, Abb. 9.7.

Desweiteren betrachten wir den Gradientenfluß der Funktion u durch den Rand des so konstruierten Gebiets G. Es liegt nahe zu erwarten, daß der Fluß durch die Seitenfläche genauso wie ε klein ist, da der Flächeninhalt dieser Seitenfläche klein ist (dies nehmen wir zunächst ohne Beweis hin). Als erstes berechnen wir den gesamten Fluß

$$\int_{\partial G} \frac{\partial u}{\partial n}\,d\sigma = \int_{\partial G}(n,\nabla u)\,d\sigma = \int_G \Delta u\,dx = \int_{(\partial\Omega)\cap G} f\,dS$$

(wobei der zweite Teil der Gleichung aus der Stokesschen Formel folgt und im dritten nur diejenigen Ladungen berücksichtigt werden die tatsächlich in G liegen). Andererseits ist der Fluß durch die Grundflächen bis auf eine im Verhältnis zu dS kleine Abweichung gleich $\left(\frac{\partial u}{\partial n_+} + \frac{\partial u}{\partial n_-}\right) dS$. Vernachlässigen

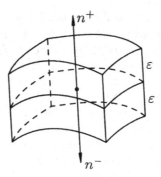

Abb. 9.7. Ein Feld, das durch eine einfache Schicht gegeben ist

wir den für kleine ε kleinen Fluß durch die Seitenfläche, so kommen wir zu dem Schluß, daß in jedem Punkt von $\partial\Omega$ die Gleichung

$$\frac{\partial u}{\partial n_+} + \frac{\partial u}{\partial n_-} = f$$

gilt.

Die Summe auf der linken Seite ist der *Sprung* der Normalenableitung, wenn wir davon ausgehen, daß die Normale immer zur gleichen Seite orientiert ist. *Also ist die Funktion $u(x)$ innerhalb und außerhalb der Fläche harmonisch, und der Sprung ihrer Normalenableitung ist gleich der Ladungsdichte auf der Fläche.* Diese Funktion heißt *Potential einer einfachen Schicht*, oder *Einfachschichtpotential*, denn die Ladungen sind auf der Fläche als eine Schicht verteilt.

Beispiel 1. Wir bestimmen das Potential einer Sphäre mit gleichverteilter Ladung. Bis auf einen möglichen Faktor gilt $u(x) = \int_{|y|=R} \frac{dy}{|x-y|}$, Abb. 9.8. Man kann dieses Integral auf der Sphäre explizit berechnen, aber das ist nicht so einfach (Newton konnte es).

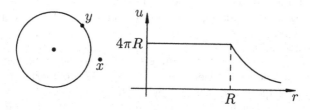

Abb. 9.8. Potential einer Sphäre mit gleichverteilter Ladung

Aber wir können die Frage auch ohne Integration beantworten, wenn wir die Symmetrie der Sphäre ausnutzen. Wir wissen bereits, daß $u = u(r)$ innerhalb und außerhalb der Sphäre harmonisch ist. Also können wir für die Lösung den Ansatz $a + b/r$ machen (wobei die Konstanten innerhalb und außerhalb der Sphäre verschieden sein dürfen). Innerhalb der Sphäre ist $b = 0$, sonst wäre die Harmonizität im Nullpunkt verletzt. Also ist u innerhalb der Sphäre konstant und insbesondere gleich ihrem Wert $4\pi R$ im Zentrum. Das Kraftfeld im Innern der Kugel ist gleich 0.

Übrigens hat Newton dies entdeckt, indem er das Kräftegleichgewicht betrachtete, Abb. 9.9. Seine Überlegungen gelten auch für ein Ellipsoid, oder genauer gesagt, für eine unendlich dünne homogene Schicht zwischen ähnlichen Ellipsoiden mit gemeinsamem Zentrum, für die die Symmetrieüberlegungen (die alleinige Abhängigkeit des Potentials vom Radius) nicht zulässig sind.

Abb. 9.9. Innerhalb einer Sphäre und eines Ellipsoids gibt es keine Schwerkraft.

Aufgabe. Zeigen Sie, daß die Anziehungskräfte zweier einander gegenüberliegender Elemente einer Schicht zwischen konzentrischen, ähnlichen Ellipsoiden entgegengesetzt sind.

Nun kehren wir zu unserer Sphäre zurück und bestimmen die Konstanten a und b für das äußere Gebiet. Außen ist $a = 0$ (das Potential verschwindet in Unendlich). Der Koeffizient beschreibt die Gesamtladung und ist gleich $4\pi R$. Man kann a auch finden, indem man ausnutzt, daß die Funktion u beim Übergang vom inneren ins äußere Gebiet in Punkten der Sphäre selbst stetig ist, da das Integral gleichmäßig konvergiert. Der Graph des Potentials ist in Abb. 9.8 dargestellt .

Beispiel 2. Es seien A ein symmetrischer Operator im euklidischen Raum und I die Identität. Der Operator $A - \lambda I$ definiert eine einparametrische Familie quadratischer Formen $((A - \lambda I)x, x)$, die man als *euklidisches Büschel* bezeichnet. Der Operator $(A - \lambda I)^{-1}$ (die Resolvente) ist ebenfalls symmetrisch und definiert ein nichtlineares Büschel quadratischer Formen $((A - \lambda I)^{-1}x, x)$ (das dual zum euklidischen Büschel ist, im Sinne der projektiven Dualität). Wir betrachten die Familie der Quadriken

$((A - \lambda I)^{-1}x, x) = 1$. Beispielsweise im Fall $n = 2$ hat das Büschel die Form wie in Abb. 9.10; alle Kurven haben dasselbe Paar von Brennpunkten.

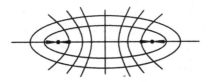

Abb. 9.10. Kurven eines Büschels für $n = 2$.

Die Quadrikengleichungen des Büschels kann man in der Eigenbasis des Operators A darstellen als

$$\frac{x_1^2}{a_1 - \lambda} + \ldots + \frac{x_n^2}{a_n - \lambda} = 1 \, ,$$

wobei $a_1, \ldots, a_n$ die Eigenwerte des Opertors A sind. Die zu verschiedenen λ gehörigen Quadriken heißen *konfokal* zueinander.

Aufgabe. Zeigen Sie, daß durch jeden Punkt des n-dimensionalen Raums genau n zueinander konfokale Quadriken des Büschels verlaufen (die zu gewissen Werten $\lambda_1, \ldots, \lambda_n$ gehören). Diese Quadriken sind in ihren Schnittpunkten paarweise orthogonal.

Die Werte $\lambda_1, \ldots, \lambda_n$ heißen *elliptische Koordinaten* des Punktes.

Für $n = 3$ verlaufen durch jeden Punkt des Raums ein Ellipsoid, ein einschaliges und ein zweischaliges Hyperboloid, Abb. 9.11.

Aufgabe. Zu einem gegebenen Ellipsoid betrachten wir ein unendlich nahes konzentrisches ähnliches Ellipsoid. Dazu betrachten wir das durch eine gleichverteilte Ladung in der Schicht zwischen den Ellipsoiden definierte Potential. Ein solches Potential ist durch eine Dichte $\frac{dx_1 \wedge \ldots \wedge dx_n}{df}$ gegegeben, d.h. durch $\frac{ds}{|\nabla f|}$, wobei ds der euklidische Flächeninhalt ist und f die quadratische Form, die das Ellipsoid definiert. Sie heißt *homöoide* Dichte. Zeigen Sie:

1. Das elektrostatische Feld im Innern des Ellipsoids ist Null.

2. Außen sind die Kraftlinien (die Phasenlinien des Gradientenfeldes des Potentials) gerade die Koordinatenlinien der oben beschriebenen elliptischen Koordinaten.

3. Alle Niveauflächen des Potentials im äußeren Bereich sind zueinander konfokale Ellipsoide.

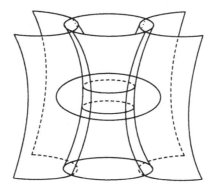

Abb. 9.11. Flächen des Büschels für $n = 3$

Ich erinnere an einige einfache Thesen der Elektrostatik.

Auf einer leitenden Oberfläche verteilt sich die Ladung so, daß das Potential auf der Fläche konstant ist. Wäre das Potential nämlich nicht konstant, so hätte der Gradient des Potentials (also die elektrostatische Kraft) eine Komponente entlang der Fläche, auf Grund derer die Ladung sich bewegen müßte.

Die oben definierte homöoide Verteilung ist gerade die Verteilung einer Ladung auf einem leitenden („metallischen") Ellipsoid.

Interessanterweise ist die Verteilungsdichte der Ladung auf einer leitenden Fläche dort größer, wo die Fläche stärker gekrümmt ist. Im Innern des Leiters können schließlich keine Ladungen der stationären Verteilung sein, denn dort ist der Gradient gleich Null (andernfalls müßten die Ladungen sich bewegen). Also ist das Potential im Innern des Leiters konstant, und folglich ist die Ladungsdichte dort gleich Null.

Ganz genauso ist das Potential einer glatten leitenden Fläche, die den Rand eines beschränkten Gebiets darstellt in diesem Gebiet konstant, sofern dort keine Ladungen sind.

Das Potential ist nämlich harmonisch im Innern des Gebiets und konstant auf dem Rand. Nach dem Maximumprinzip ist es also auch im Innern konstant.

Ein elektrostatisches Feld kann also, einfach gesprochen, nicht in das Innere einer metallischen Hülle („Abschirmung") eindringen. Eine analoge Aussage trifft auch im $\mathbb{R}^n$ für beliebige n zu.

Aufgabe 1. In einem Punkt im Abstand r vom Mittelpunkt einer nicht-geladenen leitenden Kreislinie vom Radius R im $\mathbb{R}^2$ befinde sich eine Einheitsladung. Man bestimme das erzeugte elektrostatische Feld, seine Äquipotentialkurven und die Kraftlinien.

HINWEIS. Beginnen Sie mit dem Fall $r = 0$.

Aufgabe 2. Berechnen Sie die Dichte der Gleichgewichtsverteilung der Ladungen für eine „geladene" Ellipse oder ein Quadrat im zweidimensionalen Fall. Welche Singularität der Ladungsverteilung tritt an den Ecken auf?

Ergänzung. Abschätzung des Einfachschichtpotentials

Wir zeigen, daß das elektrostatische Feld, das von einer glatten Ladungsverteilung einer einfachen Schicht auf einer glatten beschränkten Fläche erzeugt wird, bis zum Rand beschränkt ist.

Daraus folgt insbesondere, daß der Fluß durch die Seitenflächen eines Zylinders mit kleiner Höhe ε (vgl. Abb. 9.7) von der gleichen Größenordnung ist wie ε. Dies haben wir beim Beweis der Formel für den Sprung der Normalenableitung des Potentials einer einfachen Schicht benutzt.

Wir betrachten die Familie der Normalen an die Oberfläche der Schicht. Eine hinreichend kleine Umgebung dieser Oberfläche wird in disjunkte Normalenstücke zerlegt. Es genügt zu zeigen, daß die Kraft im Innern einer solchen r-Umgebung gleichmäßig beschränkt ist (da sie außerhalb durch $\rho S/r^2$ beschränkt ist, wobei ρ für die maximale Ladungsdichte und S für den Flächeninhalt steht). Wir betrachten ein Normalenstück auf einem Punkt P der Fläche. In einer Umgebung von P führen wir kartesische Koordinaten $(z, \mathbf{x})$ mit Ursprung in P ein, wobei z in Richtung der Normalen zeigt und $\mathbf{x}$ in der Tangentialebene liegt. Ist der Radius r der Umgebung des Punktes P hinreichend klein, so läßt sich die Gleichung der Oberfläche der Schicht in unseren Koordinaten schreiben als $z = h(\mathbf{x})$, $|h(\mathbf{x})| \leq C|\mathbf{x}|^2$.

Zum Nachweis, daß die Kraft beschränkt ist, genügt es diejenige Kraft gleichmäßig abzuschätzen, die von den in der konstruierten Kugel vom Radius r gelegenen Ladungen hervorgerufen wird (die Kraft die von den übrigen Ladungen hervorgerufen wird übersteigt zum Beispiel in einer $r/2$-Umgebung von P nicht den Wert $4\rho S/r^2$).

Die wahre Schwierigkeit bereitet die Abschätzung der Kraft, die von Ladungen aus der Umgebung nahe bei P erzeugt wird. Hier ergibt sich die Beschränktheit lediglich daraus, daß einander gegenüberliegende Ladungen der Umgebung in verschiedene Richtungen ziehen.

Zunächst betrachten wir den Spezialfall, wenn die Schicht innerhalb der Kugel eine horizontale Ebene ist ($z = 0$) und die Verteilungsdichte der Ladung konstant.

In diesem Fall gleichen sich die horizontalen Komponenten der Kräfte, die auf der z-Achse von Ladungen in gegenüberliegenden Punkten $\mathbf{x}$ erzeugt werden, gerade aus. Die resultierende Kraft ist vertikal und wird (sofern die Ladungsdichte gleich Eins ist) in einem Punkt Z durch folgendes Integral beschrieben

$$F = \int_0^r \frac{Z \cdot 2\pi x \, dx}{(x^2 + Z^2)^{3/2}} = 2\pi \int_0^{r/Z} \frac{\xi \, d\xi}{(\xi^2 + 1)^{3/2}} = 2\pi \left(1 - \frac{Z}{\sqrt{r^2 + Z^2}} \right),$$

wobei $x = |\mathbf{x}|$; (der Einfachheit halber wurde Z als positiv vorausgesetzt; ändert Z das Vorzeichen, so auch die Kraft).

Auf alle Fälle ist die Kraft durch die Größe 2π beschränkt (die, wie wir wissen, dem Feld einer gleichmäßig geladenen Ebene entspricht).

Jetzt ersetzen wir die Verteilung der Ladung entlang der Fläche $z = h(\mathbf{x})$ mit der Dichte $\rho(\mathbf{x})$ im Gebiet $x < r$ durch eine Verteilung konstanter Dichte $\rho(0)$ im Kreis $x < r$ auf der Ebene $Z = 0$ (hier ist Z die Koordinate eines Punktes der z-Achse, auf der wir die Stärke des Feldes abschätzen wollen).

Die vertikale Komponente der Kraft im Punkt Z ist nun durch das Integral von

$$\frac{(Z + h(\mathbf{x}))\rho(\mathbf{x})J(\mathbf{x})x \, dx \, d\varphi}{(x^2 + (Z + h)^2)^{3/2}},$$

gegeben, wobei ρ die Dichte ist, und J die Jacobideterminante, die gleich dem Verhältnis eines Flächenelements der Schicht über $\mathbf{x}$ zu einem Flächenelement $x \, dx \, d\varphi$ der $\mathbf{x}$-Ebene (mit Polarkoordinaten x, φ) ist.

Die Größen ρ und J sind in unserem Gebiet beschränkt. Außerdem gilt für den Ausdruck im Nenner

$$x^2 + (Z + h)^2 = x^2 + Z^2 + 2Zh(\mathbf{x}) + h^2(\mathbf{x}) \geq \frac{1}{2}(x^2 + Z^2)$$

für hinreichend kleine r, da $|Zh| \leq \frac{Z^2}{4} + h^2$ und $|h| \leq Cx^2$.

Deshalb läßt sich der gesamte zu Z proportionale Summand des Integrals von oben genauso durch eine Konstante abschätzen, wie wir es im Fall einer homogenen Ebene gemacht haben.

Der zweite (zu h proportionale) Summand unter dem Integral ist beschränkt (der Zähler ist kleiner als $C_1 x^3$ und der Nenner größer als $C_2 x^3$). Deshalb ist die gesamte vertikale Komponente beschränkt. Die horizontale Komponente, also das Integral von

$$\frac{\mathbf{x}\rho(\mathbf{x})J(\mathbf{x})x \, dx \, d\varphi}{(x^2 + (Z + h(\mathbf{x}))^2)^{3/2}}$$

ist schwieriger abzuschätzen.

Zunächst können wir gleich annehmen, daß $\rho J \equiv 1$. Die Funktionen ρ und J sind nämlich glatt, so daß eine Ersetzung von $\rho(\mathbf{x})J(\mathbf{x})$ durch $\rho(0)J(0)$ den Integranden um einen beschränkten Summanden ändert ($\leq C_3 x^3$ im Zähler und $\geq C_2 x^3$ im Nenner).

Es bleibt noch, das Integral für $\rho J \equiv 1$ mit dem Integral für $h = 0$ (das, wie wir wissen, gleich Null ist) zu vergleichen.

Lemma. *Es gilt die Abschätzung*

$$\left| \frac{1}{(x^2 + Z^2)^{3/2}} - \frac{1}{(x^2 + (Z+h)^2)^{3/2}} \right| \leq \frac{C_4}{x^2} .$$

BEWEIS. Es sei $Z = \lambda x$. Dann ist die linke Seite gleich

$$\frac{1}{x^3} \left| \frac{1}{(1+\lambda^2)^{3/2}} - \frac{1}{(1+(\lambda+\mu)^2)^{3/2}} \right| ,$$

wobei $h = \mu x$, so daß $|\mu| < Cx$.

Die Ableitung Funktion $\frac{1}{(1+\lambda^2)^{3/2}}$ ist durch irgendeine Konstante C_5 auf der ganzen Geraden abschätzbar. Nach dem Mittelwertsatz ist

$$\left| \frac{1}{(1+\lambda^2)^{3/2}} - \frac{1}{(1+(\lambda+\mu)^2)^{3/2}} \right| \leq C_5 \mu .$$

Da $|\mu| \leq Cx$ ist die abzuschätzende Größe letztlich nicht größer als

$$\left| \frac{C_5 \mu}{x^3} \right| \leq \frac{C_5 C}{x^2} ,$$

was zu zeigen war.   □

Schließlich haben wir für das Integral, das die horizontale Komponente der Kraft für $J\rho = 1$ angibt, die Abschätzung

$$\left| \int_0^r \int_0^{2\pi} \frac{\mathbf{x} x \, dx \, d\varphi}{(x^2 + (Z + h(\mathbf{x}))^2)^{3/2}} \right| \leq 2\pi \int_0^r \frac{x^2 C_4}{x^2} \, dx = 2\pi r C_4$$

(dasselbe Integral mit $h = 0$ verschwindet, und die Differenz der Integranden für $h = 0$ und irgendeinen anderen Wert von h läßt sich durch die Größe C_4/x^2 aus dem Lemma abschätzen).

Bemerkung 3. Mit ähnlichen elementaren Abschätzungen kann man sowohl die Stetigkeit des Einfachschichtpotentials im ganzen Raum als auch die Existenz und Stetigkeit der Grenzwerte seiner Ableitungen in Richtung der inneren und der äußeren Normalen zeigen; wir haben uns hier nur auf die Formel des Sprungs der Normalenableitung beschränkt.

Bemerkung 4. Bei der Untersuchung von Potentialen ist die von Faraday eingeführte Übereinkunft, daß „aus jeder Einheitsladung 4π Kraftlinien des elektrostatischen Feldes austreten" (was auch immer das heißt) sehr hilfreich. Es wird vorausgesetzt, daß die Linien in positiven Ladungen beginnen (oder im Unendlichen) und in negativen Ladungen enden (oder im Unendlichen).

In diesem Fall ergibt sich daß die Spannung des Feldes gleich der „Dichte der Kraftlinien" ist. Zum Beispiel gehen für die Ladungen einer einfachen Schicht die Hälfte der $\rho \cdot 4\pi \, dS$ Kraftlinien, die aus den Ladungen im Gebiet ausgehen, zu einer und die andere Hälfte zur anderen Seite, woraus sich auch die Sprungformel ergibt. Der Faktor 4π tritt hier deshalb auf, weil man in der Physik mit dem Potential einer Einheitsladung der Form $u = 1/r$ zu tun hat, wir aber das Einfachschichtpotential als das Integral über die Verschiebungen der Fundamentallösung von $\Delta u = \delta$ definiert haben.

Vorlesung 10. Das Doppelschichtpotential

Wir haben also die Fundamentallösung des Laplaceoperators im $\mathbb{R}^n$ bestimmt, nämlich

Für $n > 2$: $u_0 = \frac{1}{-(n-2)\omega_{n-1}r^{n-2}}$, wobei ω_{n-1} die Fläche der Einheitssphäre im $\mathbb{R}^n$ ist;

Für $n = 2$: $u_0 = -\frac{1}{2\pi}\ln\frac{1}{r}$;

Für $n = 1$: $u_0 = \frac{|x|}{2}$.

Übrigens werden die Vorzeichen durch die Bedingung $\Delta u_0 = \delta$ folgendermaßen festgelegt: Beim Glätten einer Singularität nahe bei Null soll die geglättete Funktion eine *positive* zweite Ableitung aufweisen. Der Koeffizient ergibt sich aus der Bedingung, daß der Fluß $\operatorname{grad} u$ durch die Einheitssphäre gleich 1 sein soll.

Mit Hilfe der Fundamentallösung haben wir Potentiale konstruiert, und zwar das räumliche Potential, das die Lösung der Poisson-Gleichung liefert und das Einfachschichtpotential.

Nun betrachten wir auf einer Hyperfläche eine Ladungsverteilung in zwei Schichten (eine Schicht positiv, die andere negativ) mit einer gewissen Dichte $\rho(x)$ (ρ ist eine Funktion auf der Hyperfläche), Abb. 10.1.

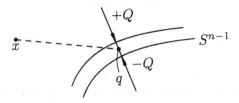

Abb. 10.1. Eine Doppelschicht auf einer Hyperfläche

Hierbei haben wir folgenden Grenzübergang im Blick. Es sei l der Abstand zwischen den Ladungen in Richtung der Normalen in einem Punkt q; die Ladungen $+Q = \rho/l$ und $-Q = -\rho/l$ haben eine Größe von der Ordnung $1/l$; sie erzeugen ein Feld. Wir bestimmen den Limes dieses Feldes für $l \to 0$. Dieser Limes heißt *Dipolfeld* und sein Potential heißt *Potential eines Dipols* oder *Dipolpotential*. Beim Übergang zum Limes bleibt das *Dipolmoment* $\rho =$

Ql erhalten. Die Richtung, die die unendlich nahen Schichten des Dipols verbindet, heißt *Achse des Dipols*. Das Doppelschichtpotential der Dichte ρ, die auf einer Hyperfläche verteilt ist, ist das Integral der Dipolpotentiale derjenigen Ladungen, die auf der Hyperfläche liegen und deren Achsen normal zu der Hyperfläche sind; dabei ist $\rho\, ds$ das Dipolmoment in einem unendlich kleinen Gebiet ds der Hyperfläche.

Wir berechnen das Dipolpotential mit Hilfe der Fundamentallösung u_0 als

$$u_0\left(x - \left(q + \frac{n_q l}{2}\right)\right)\frac{\rho}{l} - u_0\left(x - \left(q - \frac{n_q l}{2}\right)\right)\frac{\rho}{l} = \rho\frac{\partial u_0(x - q)}{\partial n_q} + o(1)\,.$$

für $l \to 0$. Hier ist n_q die äußere Normale an die Hyperfläche im Punkt q.

Damit haben wir ein Element des Doppelschichtpotentials gefunden, das durch einen im Punkt q gelegenen Dipol erzeugt wird. Im ganzen ist das Doppelschichtpotential in einem Punkt x gleich

$$u(x) = \int_{S^{n-1}} \rho(q)\frac{\partial u_0(x - q)}{\partial n_q}\, dq\,.$$

Eigenschaften des Doppelschichtpotentials

Anstatt der durch die Bedingung $\Delta u_0 = \delta$ normierten Fundamentallösung verwendet man üblicherweise die Funktion $u_0 = \frac{1}{r^{n-2}}$ (für $n > 2$) und $u_0 = \ln\frac{1}{r}$ für $n = 2$. Das Doppelschichtpotential ist eine im inneren und im äußeren Gebiet, das durch die Fläche begrenzt ist, harmonische Funktion, da dies vor dem Grenzübergang der Fall war, also

$$\Delta u|_{\mathbb{R}^n \setminus S^{n-1}} = 0\,.$$

Innere Gebiete kann es sogar mehrere geben, wenn die Fläche nicht zusammenhängend ist.

Beispiel. Es seien $n = 2$ und $\rho \equiv 1$ auf einer zusammenhängenden geschlossenen Kurve. Dann ist $u(x) = \text{const}$, wobei die Konstanten innerhalb, außerhalb und auf der Kurve verschieden sind.

Diese erstaunliche Tatsache beweisen wir nun. Zunächst berechnen wir das Potential des Dipols. Den Mittelpunkt des Dipols wählen wir als Ursprung unseres Koordinatensystems. Die Ableitung der Fundamentallösung in Richtung eines beliebigen Vektors $\mathbf{v}$ ist

$$L_v \ln\frac{1}{r} = -\frac{1}{r}L_v r = -\frac{|\mathbf{v}|\cos\varphi}{r}\,.$$

Tatsächlich ist $L_v r$ für beliebige Dimensionen leicht zu berechnen (Abb. 10.2):

$$L_v \sqrt{x_1^2 + \ldots + x_n^2} = \frac{2(x_1 v_1 + \ldots + x_n v_n)}{2\sqrt{x_1^2 + \ldots + x_n^2}} = \frac{(\mathbf{v}, \mathbf{r})}{r} = v\cos\varphi\,.$$

Abb. 10.2. Ableitung des Radiusvektors in Richtung eines Vektors **v**

Die Ableitung der Fundamentallösung für beliebige $n > 2$ ergibt sich analog als

$$L_v \frac{1}{r^{n-2}} = \frac{(2-n)(\mathbf{r}, \mathbf{v})}{r^n}.$$

Wir bemerken, daß das Potential einer isolierten Ladung gegen Unendlich abnimmt wie $1/r^{n-2}$, während das Potential eines Dipols schneller, nämlich wie $1/r^{n-1}$ abnimmt. (Man sagt, die positive und die negative Ladungen „schirmten voreinander ab".)

Wir zeichnen die Niveaulinien eines Dipols (für $n = 2$). Richten wir die x-Achse in Richtung des Vektors **v** aus, so erhalten wir die Funktion $\frac{x}{r^2} = \frac{x}{x^2+y^2}$. Das ist eine sehr wichtige nullstellenfreie harmonische Funktion in der Ebene. Sie hat eine Singularität in 0. Ihre Niveaulinien sind Kegelschnitte, die durch die Gleichungen $x^2 + y^2 = cx$ definiert sind. Sie bilden eine Familie von Kreislinien durch den Ursprung, wo sie einander berühren. Diese Kreislinien verlaufen im Zentrum des Dipols orthogonal zu dessen Achse, Abb. 10.3.

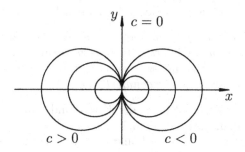

Abb. 10.3. Die Niveaulinien des Potentials eines Dipols

Aufgabe. Zeichnen Sie die Niveaulinien des Potentials zweier gegensätzlicher Ladungen gleicher Größe in der Ebene.

HINWEIS. Die Differenz der Logarithmen zweier Zahlen ist gleich dem Logarithmus des Quotienten dieser Zahlen. Der geometrische Ort der Punkte, für die der Quotient der Abstände zu zwei gegebenen festen Punkten konstant ist, ist eine Kreislinie (warum?). Nähern sich die Ladungen einander an ($l \rightarrow 0$) geht dieses System von Kreislinien (Abb. 10.4) in ein System von Kreislinien mit gemeinsamer Tangente im Zentrum des Dipols über (Abb. 10.3).

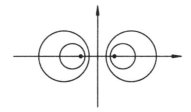

Abb. 10.4. Die Niveaulinien des Potentials eines Paars entgegengesetzter Ladungen

In unserem Koordinatensystem berührt eine Niveaulinie des Dipolpotentials – eine Kreislinie – die y-Achse. Ist die Kurve, in deren Punkten wir das Dipolpotential untersuchen, orthogonal zur Dipolachse und hat im Zentrum eine endliche Krümmung, so hat sie einen Berührpunkt zweiter Ordnung mit einer Kreislinie aus der Familie der Niveaulinien des Dipolpotentials. Der Grenzwert des Potentials bei Annäherung an das Zentrum entlang dieser Kurve ist daher wohldefiniert und gleich dem Wert des Dipolpotentials entlang der berührenden Kreislinie, also gleich der halben Krümmung dieser Kurve.

Folgerung. *Wir betrachten die Funktion unter dem Integral, das das Potential der Doppelschicht definiert. Die Einschränkung dieser Funktion auf den Torus $\{x \in S, q \in S\}$ läßt sich sogar stetig auf die Diagonale $x = q$ fortsetzen (wo die Funktion nicht definiert ist).*

Nun betrachten wir ein Element der Kurve und – als Funktion von x – den Winkel, unter dem dieses Kurvenelement aus einem gegebenen Punkt x zu sehen ist. So erhalten wir eine Funktion, die außerhalb der Punkte des Kurvenelements harmonisch ist, Abb. 10.5.

Abb. 10.5. Der Winkel unter dem ein Kurvenelement zu sehen ist, ist eine harmonische Funktion.

Dieser Winkel ist nämlich gleich $\frac{ds\,\sin\varphi}{r} = ds\,\frac{x}{x^2+y^2}$, wobei $x = r\sin\varphi$, $y = r\cos\varphi$.

Hieraus wird die *geometrische Bedeutung des Potentials (eines Dipols)* deutlich. Es ist das *Winkelelement unter dem aus einem gegebenen Punkt ein Kurvenelement zu sehen ist.* Und das gilt für beliebige Dimensionen. Der Beitrag, den eine Umgebung von ds auf der Hyperfläche zu dem Integral leistet, das in einem gegebenen Punkt x auszuwerten ist, ist ein Element des Raumwinkels, unter dem das Element ds in x zu sehen ist.

Aufgabe. Zeigen Sie für beliebige Dimensionen, daß der Raumwinkel, unter dem ein Flächenelement zu sehen ist, eine harmonische Funktion darstellt.

Hinweis. Verwenden Sie die Formel für die Ableitung der Fundamentallösung entlang des Vektorfeldes.

Für $n = 2, 3$ ist das Dipolpotential, das als Ableitung von $\ln\frac{1}{r}$ bzw. $\frac{1}{r}$ gegeben ist, gleich dem Element des Raumwinkels; in höheren Dimensionen tritt noch der Koeffizient $n - 2$ hinzu, wenn wir mit $u_0 = \frac{1}{r^{n-2}}$ arbeiten. Tatsächlich herrscht Gleichheit nur bis auf das Vorzeichen, das von der Orientierung der Hyperfläche abhängt, entlang welcher das Winkelelement integriert wird. Die Hyperfläche wird dabei als Grenze des orientierten „inneren" Gebiets orientiert.

Für $\rho \equiv 1$ erhalten wir im Fall $n = 2$ durch Integration des Winkelelements „den Winkel, unter dem die Randkurve aus dem Punkt x zu sehen ist"; genauer gesagt, ist bei der gewählten Orientierung der Kurve das Potential gleich $-2\pi\times$(Windungszahl der Kurve um x). Für $n = 3$ erhalten wir in analoger Weise den vollen orientierten Raumwinkel, unter dem die Fläche aus dem Punkt x zu sehen ist, Abb. 10.6.

Abb. 10.6. Der volle Raumwinkel

Diese Überlegung hat ziemlich aufwendige Rechnungen ersetzt. Für $n = 2$ erhalten wir für das Doppelschichtpotential der Dichte 1, die entlang einer einfach zusammenhängenden geschlossenen Kurve verteilt ist, den Wert -2π im inneren Gebiet, den Wert 0 im äußeren Gebiet und den Wert $-\pi$ auf der Kurve selbst, wenn im entsprechenden Punkt eine Tangente existiert.

Für $n = 3$ ergeben sich entsprechend die Werte -4π, 0 und -2π. Analog erhält man die Werte für beliebige Dimensionen.

Bemerkung. Im n-dimensionalen Fall ist eine Niveaufläche des Dipolpotentials durch die Gleichung $\frac{\sin\varphi}{r^{n-1}} = \mathrm{const}$ gegeben.

Die Äquipotentialflächen eines Dipols haben in dessen Zentrum eine zur Achse des Dipols perpendikulare Tangentialhyperebene; sie berühren sich im Zentrum des Dipols, haben für $n > 2$ dort aber einen Flachpunkt, Abb. 10.7. Für ungerade n haben die Äquipotentialflächen eines Dipols in dessen Zentrum eine ebensolche Singularität wie der Graph der Funktion $|x|^n$ in $n - 1$ Veränderlichen.

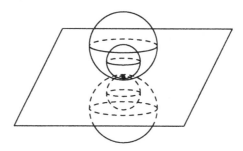

Abb. 10.7. Die Äquipotentialflächen eines Dipols für $n > 2$

Für $n > 2$ ist die Krümmung jeder Äquipotentialfläche eines Dipols in dessen Zentrum gleich Null.

Eine generische Fläche, die die Äquipotentialflächen eines Dipols in dessen Zentrum berührt, schneidet daher im Fall $n > 2$ *beliebig kleine* Äquipotentialflächen. Deshalb ist das Potential unseres Dipols in einigen ihrer Punkte (betragsmäßig) sehr groß. Folglich hat das Potential auf einer generischen Fläche, die durch das Zentrum des Dipols orthogonal zu dessen Achse verläuft, eine Singularität, wo es unendlich groß wird.

Deshalb ist, allgemein gesprochen, die Theorie der Lösbarkeit von Randwertproblemen der Laplacegleichung im höherdimensionalen Fall nicht ganz analog zu der in Lehrbüchern üblicherweise dargestellten Fredholmschen Theorie für $n = 2$. Für $n > 2$ reicht die dort verwendete Theorie der Integralgleichungen mit stetigem Kern nämlich nicht aus. Allerdings ist die Singularität summierbar und damit hinreichend schwach, so daß man die Theorie der Integralgleichungen mit summierbarem Kern verwenden kann.

Es sei nun die Dichte $\rho \neq \mathrm{const}$. Wir untersuchen die Eigenschaften des Doppelschichtpotentials.

1. Die Harmonizität von u im inneren und im äußeren Gebiet bleibt erhalten.

2. Man bestimmt leicht die Differenz zwischen den Werten von u auf dem Rand der Gebiete und den entsprechenden Grenzwerten, wenn man sich dem Rand von innen oder von außen annähert. Diese Differenz ist die gleiche wie

im Fall konstanter Dichten und zwar $(n = 2)$

$$u_-(x_0) = u(x_0) - \pi\rho(x_0) , \quad u_+(x_0) = u(x_0) + \pi\rho(x_0) ,$$

wobei $u_-(x_0)$ der Grenzwert von innen und $u_+(x_0)$ der Grenzwert von außen ist, Abb. 10.8

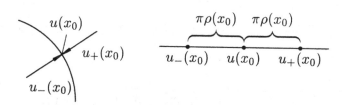

Abb. 10.8. Der Sprung des Doppelschichtpotentials

Für den Beweis betrachten wir das Doppelschichtpotential mit konstanter Dichte $\rho = \text{const} \equiv \rho(x_0)$; für dieses ist die Behauptung richtig. Nun betrachten wir ein Potential der Dichte $\rho - \rho(q)$, das in q verschwindet, und zeigen, daß für dieses die Sprunghöhe gleich 0 ist. Anstelle eines formalen Beweises möchte ich erklären, warum das so ist. Wäre die Dichte gleich Null in einer ganzen Umgebung von q, so wäre diese Umgebung keine Doppelschicht. Das vom übrigen Teil der Fläche in dieser Umgebung erzeugte Doppelschichtpotential wäre dann eine harmonische Funktion ohne Singularitäten. Deshalb wäre die Sprunghöhe in q gleich Null. Tatsächlich verschwindet die Dichte aber nicht in einer Umgebung von q sondern nur in q selbst. Daher erfordert der Beweis, daß kein Sprung stattfindet, analoge Abschätzungen, wie wir sie in der vorangehenden Vorlesung verwendet haben. Diese elementaren Abschätzungen zeigen, daß die Sprunghöhe gleich Null ist. Eine hinreichende Voraussetzung dafür ist die Stetigkeit der Dichte im Punkt q.

3. Die Normalenableitung des Doppelschichtpotentials (die Normale habe für Punkte des inneren und des äußeren Gebiets jeweils gleich dieselbe Orientierung) hat keine Sprungstelle.

Im Fall einer konstanten Dichte ist das in der Tat richtig, denn die Ableitung von außen und von innen ist gleich 0. Im allgemeinen Fall ist die Ableitung des Potentials eine Kraft („die Feldspannung"). Wir betrachten ein zylindrisches Gebiet Ω, nahe bei einem Element ds der Fläche (Abb. 10.9). Wir berechnen den Fluß des Kraftfeldes $\text{grad}\, u$ durch den Rand dieses Gebiets. Wie in der vorigen Vorlesung ziehen wir nur die normale Komponente

$$ds \left(\frac{\partial u}{\partial n_+} - \frac{\partial u}{\partial n_-} \right)$$

in Betracht.

Nach der Stokesschen Formel ist der Fluß gleich

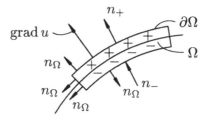

Abb. 10.9. Zur Berechnung des Sprungs der Normalenableitung des Doppelschichtpotentials

$$\int_{\partial\Omega} (\operatorname{grad} u, n_\Omega)\, ds = \int_\Omega \operatorname{div} \operatorname{grad} u\, dx = \int_\Omega \Delta u\, dx$$
$$= \operatorname{const} \int_\Omega Q\, dx = 0\,,$$

denn dieses Integral ist die Gesamtladung im gegebenen Gebiet, und diese ist Null (da die positiven und negativen Ladungen einander ausgleichen). Also folgt

$$\frac{\partial u}{\partial n_+} = \frac{\partial u}{\partial n_-}\,.$$

Weiter unten werden wir die Eigenschaften des Potentials einer Doppelschicht noch anwenden. Jetzt aber untersuchen wir die Eigenschaften des Laplaceoperators.

Die Fundamentallösungen haben wichtige Anwendungen auf Schwingungen kugelsymmetrischer Körper. Zum Beispiel betrachten wir eine Kreislinie in der Ebene (eine periodische Saite). Die Kreislinie $x^2 + y^2 = 1$ ist eine Riemannsche Mannigfaltigkeit, das heißt dort ist der Laplaceoperator div grad definiert. Bezüglich der Standardkoordinate φ läßt sich der Operator $\Delta = \operatorname{div} \operatorname{grad}$ in der üblichen Form $\Delta = \frac{\partial^2}{\partial\varphi^2}$ darstellen.

In höheren Dimensionen treten Probleme von Schwingungen einer Sphäre an die Stelle der Schwingungen einer Saite. In diesem Fall gibt es keine alleinige Koordinate. An die Stelle der trigonometrischen Funktionen ($\sin k\varphi$, $\cos k\varphi$), die die Eigenschwingungen einer Saite beschreiben, treten nun die sogenannten *Kugelfunktionen*[1], die die Schwingungen einer Sphäre beschreiben. Sie tauchen in allen Problemen der mathematischen Physik auf, bei denen eine Kugelsymmetrie auftritt. Die Theorie der Fourierreihen von Funktionen auf dem Kreisrand ist für Funktionen auf der Sphäre durch Entwicklungen in sphärische harmonische Funktionen zu ersetzen.

---

[1] auch *Kugelflächenfunktionen, sphärische harmonische Funktionen* oder *sphärische Harmonische* (Anm. d. Übers.)

Aus praktischer Sicht ist das Problem des Gravitationspotentials der Erde und sein Einfluß auf die Bewegung von Sateliten interessant. Die Sateliten ihrerseits kann man als Indikatoren betrachten, mit deren Hilfe man etwas über die Masseverteilung der Erde erfährt. Wie wir gleich sehen werden, nehmen die Anteile der harmonischen Funktionen höherer Ordnung schnell ab, so daß in einiger Entfernung von der Erde das Potential im Wesentlichen gleich der Summe des kugelsymmetrischen Hauptteils $\frac{c_1}{r}$ und der Dipolabweichung $\frac{c_2 z}{r^3}$ ist.

Wir untersuchen die Eigenfunktionen des Laplaceoperators auf der n-dimensionalen Sphäre. Für $n = 1$ sind das die üblichen trigonometrischen Funktionen. Durch Lösen des periodischen Randwertproblems für die Gleichung $\frac{d^2 u}{d\varphi^2} = \lambda u$ kann man alle harmonischen Funktionen finden. Das sind genau die Linearkombinationen von $\sin k\varphi$ und $\cos k\varphi$ für ganzzahlige k (die Eigenwerte sind $\lambda = -k^2$).

Wie verhält sich die Sache in höheren Dimensionen, etwa auf der zweidimensionalen Sphäre $x^2 + y^2 = 1$? Wir lernen nun die Kugelfunktionen kennen, die, so gesehen, verallgemeinerte trigonometrische Funktionen darstellen.

Wir betrachten eine Funktion $u(x, y, z)$, die entlang jeder Halbgeraden aus dem Ursprung konstant ist. Eine solche Funktion heißt homogen vom Grad 0 (ich erinnere noch einmal daran, daß eine Funktion homogen vom Grad k ist, wenn $u(\lambda x) = \lambda^k u(x)$ für alle $k > 0$).

Im Ursprung braucht die Funktion nicht definiert zu sein. Zum Beispiel ist die Funktion

$$u(x, y, z) = \frac{x^2 + y^2 + z^2}{2x^2 + 3y^2 + 4z^2}$$

homogen vom Grad 0.

Aufgabe. Bestimmen Sie $\Delta|_{S^2}$ und vergleichen Sie mit $\operatorname{div} \operatorname{grad}(u|_{S^2})$.

Der letzte Operator heißt *sphärischer Laplaceoperator*. Ich werde ihn mit $\tilde\Delta$ bezeichnen.

Es erweist sich, daß in einem Raum beliebiger Dimension n und für eine homogene Funktion u beliebigen Grades k die Identität

$$\tilde\Delta u = r^2 \Delta u - \Lambda u, \quad \text{wobei } \Lambda = k^2 + k(n-2) \qquad (10.1)$$

gilt. Auf der linken Seite steht der sphärische Laplaceoperator, der über die Homogenität vom Grad k auf den ganzen Raum fortgesetzt wurde; auf der Einheitssphäre $r^2 = 1$ ist das einfach der sphärische Laplaceoperator

$$\tilde\Delta u|_{r^2=1} = \operatorname{div} \operatorname{grad}(u|_{r^2=1}) \, .$$

Wir betrachten einige Sonderfälle
1. Für $k = 0$ gilt die Identität

$$\tilde{\Delta}u = r^2 \Delta u \ .$$

Das ist leicht zu erklären. Der Gradient einer homogenen Funktion vom Grad 0, eingeschränkt auf die Einheitssphäre, fällt mit dem Gradienten der auf diese Sphäre eingeschränkten Funktion zusammen, da er tangential zu dieser Sphäre ist. Genauso leicht zeigt eine Betrachtung der Flüsse, daß auch die Divergenzen der Gradienten gleich sind. Für eine homogene Funktion vom Grad 0 stimmen also der gewöhnliche und der sphärische Laplaceoperator auf der Einheitssphäre überein, $(\tilde{\Delta}u)|_{r^2=1} = (\Delta u)|_{r^2=1}$. Die Identität (10.1) ergibt sich durch Fortsetzung des sphärischen Laplaceoperators auf den ganzen Raum unter Bewahrung der Homogenität. Tatsächlich verringert der Operator Δ den Homogenitätsgrad um 2, so daß Δu eine homogene Funktion vom Grad -2 ist. Damit die Fortsetzung den Grad 0 hat, muß die Funktion Δu vom Grad -2 mit r^2 multipliziert werden.

2. Es sei $n = 2$, $k \neq 0$. Unsere Identität nimmt die Gestalt

$$\tilde{\Delta}u = r^2 \Delta u - k^2 u$$

an. Wir wenden sie auf die in der Ebene harmonische Funktion $u = \operatorname{Re} z^k$ an; diese Funktion ist homogen vom Grad k (speziell für $k = 2$ ist auf dem Einheitskreis $u = \cos 2\varphi$).

Unsere Identität besagt $\tilde{\Delta}u = -k^2 u$.

Mit dem Beweis der allgemeinen Identität wollen wir uns vorerst nicht beschäftigen. Wir merken nur an, daß er auf der Eulerschen Formel für homogene Funktionen

$$\sum_{i=1}^{n} x_i \frac{\partial u}{\partial x_i} = ku$$

basiert (beweisen Sie diese Formel als Übungsaufgabe).

Folgerung. *Es sei u eine homogene harmonische Funktion. Dann ist ihre Einschränkung auf die Einheitssphäre eine Eigenfunktion des sphärischen Laplaceoperators:*

$$\tilde{\Delta}u = -\Lambda u \ .$$

Weiter unten werden wir sehen, daß man so alle Eigenfunktionen des sphärischen Laplaceoperators erhält.

Definition. Als *Kugelfunktionen* auf der Sphäre S^{n-1} bezeichnet man die Einschränkungen homogener harmonischer Polynome im $\mathbb{R}^n$ auf die Sphäre.

Aufgabe. Bestimmen Sie die Dimension des Raums der Kugelfunktionen, die Einschränkungen harmonischer Polynome gegebenen Homogenitätsgrades k im $\mathbb{R}^n$ sind.

Beispielsweise für $n = 3$ ergibt sich:

k	0	1	2	$\cdots$
Dimension	1	3	5	$\cdots$
Basis	$\{1\}$	$\{x, y, z\}$	$\{xy, yz, zx, x^2 - y^2, y^2 - z^2\}$	$\cdots$

Wir wollen nun bei einer interessanten Anwendung der Kugelfunktionen auf ein topologisches Problem verweilen.

Satz von Maxwell. *Für $n = 3$ erhält man alle Kugelfunktionen gegebenen Grades k, indem man sukzessive das Potential $1/r$ entlang geeigneter konstanter Vektorfelder differenziert und das Ergebnis $L_{v_k} \ldots L_{v_1} \frac{1}{r}$ auf die Einheitssphäre einschränkt. (Das Ergebnis der wiederholten Differentiation von $1/r$ heißt* Multipolpotential. *Die k Felder sind dabei durch eine gegebene von Null verschiedene Kugelfunktion vom Grad k eindeutig festgelegt (bis auf von Null verschiedene Faktoren).*

Die Dimension des Raums der Kugelfunktionen vom Grad k ist $2k + 1$. Identifiziert man Funktionen, die sich nur durch einen von Null verschiedenen Faktor unterscheiden, so erhält man den projektiven Raum $\mathbb{R}P^{2k}$.

Andererseits kann man nach dem Maxwellschen Satz alle Kugelfunktionen vom Grad k unter Vernachlässigung eines von Null verschiedenen Faktors gewinnen, indem man $1/r$ entlang von k Feldern konstanter Vektoren der Länge 1 im $\mathbb{R}^3$ differenziert. Diese Vektoren der Länge 1 sind bis auf das Vorzeichen eindeutig durch die Funktion festgelegt. Da die Differentiation entlang eines Feldes kommutativ ist, kommt es auf ihre Reihenfolge nicht an.

Somit haben wir eine bijektive Abbildung

$$\mathbb{R}P^2 \times \cdots \times \mathbb{R}P^2 / S(k) \to \mathbb{R}P^{2k}$$

definiert, wobei $S(k)$ die symmetrische Gruppe der Permutationen der k Faktoren ist.

Der erste dieser Räume heißt *symmetrische k-te Potenz* der projektiven Ebene $\mathbb{R}P^2$ und wird mit $S^k \mathbb{R}P^2$ bezeichnet. Die konstruierte Maxwellsche Abbildung $S^k \mathbb{R}P^2 \to \mathbb{R}P^{2k}$ ist ein Homöomorphismus. So wie es scheint, ist der Maxwellsche Satz der elementarste Beweis dieser Homöomorphie.

Ein verwandter Satz der Algebra ist der Satz von Vieta. Die Vietasche Abbildung

Wurzeln $\to$ elementarsymmetrische Funktionen der Wurzeln

definiert einen Homöomorphismus der symmetrischen k-ten Potenz von $\mathbb{C}$ nach $\mathbb{C}^k$, so daß $S^k \mathbb{C} \approx \mathbb{C}^k$.

Der entsprechende projektive Satz ist $S^k(\mathbb{C}P^1) \approx \mathbb{C}P^k$. Die komplexe projektive Gerade $\mathbb{C}P^1$ ist die Riemannsche Sphäre S^2, so daß der projektive Satz von Vieta die Homöomorphie $S^k(S^2) \approx \mathbb{C}P^k$ liefert.

Vorlesung 11. Kugelfunktionen.
Der Satz von Maxwell.
Der Satz über hebbare Singularitäten

Wir betrachten im $\mathbb{R}^n$ eine homogene Funktion F vom Grad k, d.h.

$$F(\lambda x) = \lambda^k F(x) \quad \text{für alle } \lambda > 0 \, .$$

Im Nullpunkt braucht die Funktion nicht gegeben zu sein (eine homogene Funktion kann in einem homogenen Gebiet, etwa irgendeinem Raumwinkel mit Ursprung in 0 definiert sein).

Für jedes k haben wir einen modifizierten sphärischen Laplaceoperator definiert, der homogene Funktionen vom Grad k auf ebensolche Funktionen abbildet. Wir erinnern an die Definition: Eine Funktion wird auf die Einheitssphäre eingeschränkt, dort wird die Divergenz des Gradienten bestimmt und das Resultat wird als homogene Funktion vom Grad k auf den ganzen Raum mit Ausnahme des Ursprungs fortgesetzt.

Satz. *Es gilt* $\tilde{\Delta} F = r^2 \Delta F - \Lambda F$, $\Lambda = k^2 + k(n-2)$.

BEWEIS. Wir berechnen $\Delta F = \operatorname{div} \operatorname{grad} F$. Es sei f die Einschränkung von F auf die Einheitssphäre, also $f = F|_{S^{n-1}}$, $f : S^{n-1} \to \mathbb{R}$. Dann ist

$$(\operatorname{grad} F)|_{S^{n-1}} = \operatorname{grad} f + \frac{\partial F}{\partial r} \frac{\partial}{\partial n} \, ,$$

vgl. Abb. 11.1. (Natürlich denken wir uns hier den Tangentialraum an die Sphäre in einem Punkt eingebettet in den umgebenden Raum.)

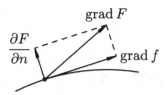

Abb. 11.1. Der sphärische und der vollständige Gradient

Wegen der Homogenität ist $F(rq) = r^k f(q)$ und daher $\frac{\partial F}{\partial r} = kr^{k-1}f(q)$. Es genügt, den Gradienten auf der Einheitssphäre zu bestimmen, da er homogen vom Grad $k-1$ ist. Unser Feld läßt sich dort in eine tangentiale und eine normale Komponente zerlegen, wobei die tangentiale Komponente keinen Fluß durch die Deckflächen einer entsprechenden Testfläche besitzt, die normale Komponente keinen Fluß durch die Seitenflächen, Abb. 11.2.

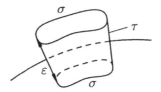

Abb. 11.2. Berechnung des Flusses durch eine Testfläche

Wir berechnen den Fluß durch die Testfläche

$$\int_{\partial G} (\operatorname{grad} F, \mathbf{n}) \, dS = \int_{\tau} (\operatorname{grad} F, \mathbf{n}) \, dS + \sigma (1 + \varepsilon)^{n-1} k f (1 + \varepsilon)^{k-1} - \sigma k f \, .$$

Hier ist der erste Term der Fluß durch die Seitenfläche, der zweite der durch die obere Deckfläche und der dritte der durch die untere Grundfläche. Es ergibt sich

$$\int_{\tau} (\operatorname{grad} F, \mathbf{n}) \, dS + \sigma (n + k - 2) \varepsilon k F + o(\varepsilon) \, .$$

Hierbei ist $\varepsilon\sigma$ das Volumen des Testgebiets. Die Funktionen F und f stimmen auf der Einheitssphäre überein. Teilen wir den Fluß durch das Volumen des Testgebiets und ziehen dieses zu einem Punkt der Einheitssphäre zusammen, so erhalten wir in diesem Punkt

$$\Delta F = \tilde{\Delta} f + k F (n + k - 2) \, .$$

(Tatsächlich ist der Fluß von $\operatorname{grad} F$ durch ∂G gleich dem Integral von $\operatorname{div} \operatorname{grad} F$ über G, während der Fluß von $\operatorname{grad} F$ durch τ gleich $\varepsilon \times$ (Fluß von $\operatorname{grad} f$ durch $\partial \sigma + o(\varepsilon)$) ist, wobei der Fluß in der Klammer gleich dem Integral von $\operatorname{div} \operatorname{grad} f$ über σ ist.)

Somit ist unsere Identität für die Einheitssphäre bewiesen. Bei der Fortsetzung in einen Punkt, der vom Ursprung den Abstand r hat, wird auf der rechten Seite F mit r^k und ΔF mit r^{k-2} multipliziert. So kommt es zu dem Faktor r^2 im ersten Summanden der zu beweisenden Identität.

Der modifizierte sphärische Laplaceoperator ist nach Definition homogen vom Grad k. Deshalb impliziert die Gültigkeit der Identität auf der Einheitssphäre ihre Gültigkeit überall (mit Ausnahme des Ursprungs). Damit ist der Satz bewiesen. □

Unser Satz ist ein Spezialfall der folgenden einfachen aber nützlichen Feststellung über den Laplaceoperator für Funktionen auf einer Untermannigfaltigkeit des euklidischen Raums: Bei der Auswertung der Laplaceableitung in einem Punkt kann man die Untermannigfaltigkeit durch ihren Tangentialraum im gegebenen Punkt und die Funktion durch die entsprechende Funktion auf dem Tangentialraum ersetzen.

Wir betrachten eine m-dimensionale Untermannigfaltigkeit („Fläche")

$$y = f(x) , \quad x \in \mathbb{R}^m, y \in \mathbb{R}^l$$

im euklidischen Raum $\mathbb{R}^{m+l}$ mit der Metrik $dx^2 + dy^2$. Den x-Unterraum nennen wir *horizontal*, den y-Unterraum *vertikal*. Die kartesischen Koordinaten eines Punktes x sehen wir als Koordinaten des Punktes $X = (x, y = f(x))$ auf der Fläche an.

Eine auf der Fläche definierte Funktion U läßt sich in diesen Koordinaten als Funktion

$$u(x) = U(X)$$

auf der horizontalen Ebene schreiben.

Lemma. *Wir setzen voraus, daß die Tangentialebene an die Fläche im Punkt 0 horizontal ist (also $(df/dx)(0) = 0$). Dann stimmt die Riemannsche Laplaceableitung der Funktion U im Nullpunkt mit der euklidischen Laplaceableitung der Funktion u auf der Tangentialebene überein.*

BEWEIS. Wir stellen die Metrik auf der Fläche als Riemannsche Metrik dS^2 auf der horizontalen Ebene dar. Die Differenz dieser Metrik und der euklidischen Metrik dx^2 bezeichnen wir mit dy^2. Aus dem Satz des Pythagoras folgt, daß dy^2 eine Größe zweiter Ordnung bezüglich $|x|$ ist,

$$dS^2 - dx^2 = O(|x|^2)$$

(hier und im folgenden steht die Ordnung einer quadratischen Form oder eines Differentialoperators natürlich für die Ordnung ihrer Koeffizienten). Deshalb unterscheiden sich die Operatoren GRAD und DIV des Riemannschen Gradienten und der Riemannschen Divergenz, die der Metrik dS^2 auf der horizontalen Ebene entsprechen, nur durch Größen zweiter Ordnung von den euklidischen Operatoren grad und div, also

$$\text{GRAD} - \text{grad} = O(|x|^2) , \quad \text{DIV} - \text{div} = O(|x|^2) .$$

Wenden wir diese Operatoren nacheinander auf die Funktion u an, so ergibt sich

$$\text{DIV GRAD}\, u = \text{div grad}\, u + O(|x|^2) + \text{div}\, O(|x|^2) .$$

Der letzte Summand ist von der Ordnung $O(|x|)$, so daß

$$(\text{DIV GRAD}\, u)(0) = (\text{div grad}\, u)(0) .$$

□

Bemerkung. Die Funktion braucht nicht notwendigerweise durch eine orthogonale Projektion auf die Tangentialfläche übertragen zu werden. Man kann eine beliebige Familie glatter Kurven verwenden, wenn nur die durch unseren Punkt verlaufende Kurve dort orthogonal zur Fläche ist.

Beispiel. Wir betrachten die Einheitssphäre $y = \sqrt{1 - x^2}$ im n-dimensionalen euklidischen Raum ($m = n - 1$, $l = 1$) und auf dieser den Punkt $x = 0$. Es sei U eine Funktion auf der Sphäre. Wir berechnen ihre sphärische Laplaceableitung im Punkt $x = 0$.

Nach dem Lemma ist diese gleich der euklidischen Laplaceableitung $\Delta u(x)$ (also der Summe der zweiten Ableitungen nach x_i der entsprechenden Funktion $u(x)$).

Die vom Grad k homogene Fortsetzung der Funktion U auf den euklidischen Raum bezeichnen wir mit $\tilde{U}$. Auf der Tangentialebene $y = 1$ der Sphäre im Punkt $x = 0$ wird diese Funktion zu der Funktion

$$\tilde{u}(x) = (\sqrt{1 + x^2})^k u(\tilde{x}) \,, \quad |\tilde{x} - x| = O(|x|^3) \,.$$

Deshalb ist die euklidische Laplaceableitung der Fortsetzung in unserem Punkt $x = 0$, $y = 1$ gleich

$$\Delta \tilde{U} = \frac{d^2}{dy^2} y^k u(0) + (\Delta_x \tilde{u})(0) \;=\; k(k - 1)u(0) + \Delta_x \tilde{u} \,.$$

Da aber $\tilde{u}(x) = u(x) + \frac{k}{2} x^2 u(0) + O(|x|^3)$, folgt im Punkt $x = 0$

$$\Delta_x(\tilde{u}) = \Delta_x u + k(n - 1)u \,.$$

Schließlich ist in unserem Punkt

$$\Delta \tilde{U} = \Delta_x u + \Big(k(n - 1) + k(k - 1) \Big) u(0) \,.$$

Da sich der gewählte Punkt in nichts von den übrigen unterscheidet, haben wir damit unsere Formel $\tilde{\Delta} F = r^2 \Delta F - \Lambda F$, $\Lambda = k(n + k - 2)$ für $r = 1$ bewiesen. Wegen der Homogenität gilt sie überall.

Folgerung. *Ist eine Funktion F (gegeben auf $\mathbb{R}^n \setminus \{0\}$) harmonisch und homogen vom Grad n, so ist sie eine Eigenfunktion des (modifizierten) sphärischen Laplaceoperators: $\tilde{\Delta} F = -\Lambda F$ (d.h. die Einschränkung auf die Sphäre ist eine Eigenfunktion des sphärischen Laplaceoperators). Umgekehrt ist die vom Grad k homogene Fortsetzung einer Eigenfunktion des sphärischen Laplaceoperators überall mit Ausnahme des Nullpunkts harmonisch.*

Wir bemerken, daß ein und dieselbe Eigenfunktion des Laplaceoperators auf der Einheitssphäre zwei harmonische Fortsetzungen besitzt, da man aus der quadratischen Gleichung $\Lambda = k^2 + k(n - 2)$ zwei Werte für k erhält.

Beispiel. Es sei $n = 2$ (das bedeutet, wir betrachten eine Funktion in der Ebene und ihre Einschränkung auf die Kreislinie). Für $n = 2$ haben wir $\Lambda = k^2$. Eine harmonische vom Grad 1 homogene Funktion ist die Funktion x. Es gibt aber auch eine harmonische vom Grad -1 homogene Funktion, deren Einschränkung auf den Einheitskreis dieselbe ist wie die von x.

In Polarkoordinaten sind die Formeln dieser adjungierten Funktionen $F = r \cos\varphi = x$ und $\hat{F} = \frac{\cos\varphi}{r} = x/r^2$; letztere ist das Dipolpotential (der Kern des Doppelschichtpotentials). Analog gilt für die adjungierten Funktionen der Homogenitätsgrade k und $-k$

$$F = r^k \cos k\varphi , \quad \hat{F} = \frac{\cos k\varphi}{r^k} .$$

Es sei nun $n = 3$, d.h. wir betrachten Funktionen in drei Veränderlichen und ihre Einschränkungen auf die zweidimensionale Sphäre. Im Fall $n = 3$ ist $\Lambda = k^2 + k$. Daher ist der zu k adjungierte Homogenitätsgrad $\hat{k} = -1 - k$.

Für $k = 0$ sind die adjungierten Funktionen $F = 1$ und $\hat{F} = 1/r$.

Für $k = 1$ haben wir $F = z$ und $\hat{F} = z/r^3$; wie im zweidimensionalen Fall ist letzteres das Dipolpotential (der Kern des Doppelschichtpotentials).

Für $k = 2$ können wir eine harmonische quadratische Form finden, etwa

$$F = \frac{3z^2 - x^2 - y^2 - z^2}{2} , \quad F|_{S^2} = f = \frac{3z^2}{2} - \frac{1}{2} .$$

Die Funktionen z und f sind sphärisch, d.h. sie beschreiben Eigenschwingungen der Sphäre. Darüberhinaus sind sie sogenannte *zonale* Funktionen: Sie sind invariant unter Drehungen um die z-Achse und wechseln ihr Vorzeichen beim Überschreiten von Breitenkreisen, die die Sphäre in unabhängig schwingende Bereiche unterteilen und dabei selbst unbewegt bleiben, Abb. 11.3

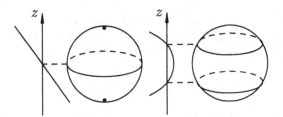

Abb. 11.3. Zonale Kugelfunktionen beschreiben die Eigenschwingungen einer Sphäre.

Aufgabe. Gibt es für jedes ganzzahlige k eine zonale Kugelfunktion, die die Einschränkung eines Polynoms in z vom Grad k auf die Sphäre darstellt?

Im allgemeinen Fall ist $\Lambda = k^2 + k(n-2)$ und der zu k adjungierte Homogenitätsgrad ist $\hat{k} = 2 - n - k$. Die Werte der adjungierten Funktionen in Punkten rq (wobei q ein Punkt der Einheitssphäre und r der Abstand vom Ursprung ist) sind $F(rq) = r^k f(q)$ und $\hat{F}(rq) = f(q)/r^{k+n-2}$.

Diese Werte kann man durch eine Inversionsabbildung miteinander verbinden. Bei dieser Transformation geht qr in q/r über, Abb. 11.4.

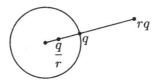

Abb. 11.4. Inverse Punkte

Wir erhalten $F(q/r) = f(q)/r^k$, also $\hat{F}(rq) = F\left(\frac{q}{r}\right)\frac{1}{r^{n-2}}$ (es sei angemerkt, daß für $n = 2$ die Inversion die Harmonizität erhält, und der Faktor in der letzten Formel wegfällt).

Für beliebige n ist aus der Formel, die $F(q/r)$ und $\hat{F}(rq)$ verbindet völlig der Homogenitätsparameter k verschwunden. Sie gilt also auch für Linearkombinationen homogener Funktionen verschiedener Grade. Durch diese Transformation geht daher jede harmonische Funktion F in eine harmonische Funktion $\hat{F}(x) = \frac{1}{|x|^{n-2}} F\left(\frac{x}{|x|^2}\right)$ über (was man auch durch explizite Rechnung bestätigen kann).

Proposition 1. *Homogene harmonische Funktionen vom Grad k existieren nur für ganzzahlige k. (Eigenfunktionen des sphärischen Laplaceoperators existieren nur für solche Λ, die ganzzahligen k entsprechen.)*

BEWEIS. Wir untersuchen zunächst homogene harmonische Polynome. Der Raum homogener Polynome vom Grad 0 ist eindimensional. Für den Grad 1 ist die Dimension gleich n für höhere Grade geben wir die Dimension der Einfachheit halber im Fall $n = 3$ an (Abb. 11.5):

Grad	0	1	2	3
Dimension	1	3	6	10

Allgemein ist $\dim S^k \mathbb{R}^3 = \binom{k+2}{2} = \frac{(k+2)(k+1)}{2}$. Der Laplaceoperator überführt diesen Raum in den Raum $S^{k-2}\mathbb{R}^3$ der homogenen Polynome, deren Grad um 2 kleiner ist als der ursprüngliche. Die harmonischen homogenen Polynome vom Grad k bilden einen Vektorraum, den Kern der Abbildung

$$\Delta : S^k \mathbb{R}^3 \to S^{k-2}\mathbb{R}^3 .$$

Feststellung. *Der Laplaceoperator bildet $S^k \mathbb{R}^3$ auf $S^{k-2}\mathbb{R}^3$ ab.*

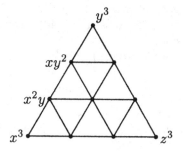

Abb. 11.5. Zur Dimension des Raums homogener Polynome vom Grad 3

Tatsächlich ist jedes Polynom das Bild irgendeines Polynoms unter der Abbildung des Laplaceoperators. (Es genügt, dies für Monome zu überprüfen. Für Monome in einer Veränderlichen x ist das klar: $\frac{\partial^2 u}{\partial x^2} = x^p$ für $u = x^{p+2}/(p+2)(p+1)$. Wir haben $\Delta_{x,y}u = x^p y^q + v$, wobei $v = \Delta_y u$ ein Polynom ist, dessen Grad bezüglich y kleiner als $|q|$ ist. Deshalb liegt $x^p y^q$ im Bild von $\Delta_{x,y}$, wenn alle Polynome vom Grad kleiner $|q|$ bezüglich y darin liegen. Daher können wir die Behauptung durch Induktion über $|q|$ zeigen (ist $\Delta_{x,y}w = v$, so ist $\Delta_{x,y}(u - w) = x^p y^q$).)

Also ist die Dimension des Raums der Kugelfunktionen vom Grad k gleich der Differenz der Dimensionen der Räume $S^k \mathbb{R}^3$ und $S^{k-2}\mathbb{R}^3$, d.h.

$$\frac{(k+2)(k+1)}{2} - \frac{k(k-1)}{2} = 2k + 1 .$$

Folgerung. *Für jede nichtnegative ganze Zahl k existiert auf der Sphäre S^2 ein $(2k+1)$-dimensionaler Vektorraum sphärischer Funktionen, bestehend aus Eigenfunktionen des sphärischen Laplaceoperators zu den Eigenwerten $-\Lambda$, $\Lambda = k^2 + k$; diese sind Einschränkungen harmonischer vom Grad k homogener Polynome auf die Sphäre.*

BEWEIS. Daß die Einschränkungen Eigenfunktionen sind, folgt aus der bewiesenen Identität. Die Dimension des Raums der harmonischen vom Grad k homogenen Polynome im $\mathbb{R}^3$ haben wir gerade berechnet. Die Dimension des Raums ihrer Einschränkungen ist dieselbe, da ein homogenes Polynom, das auf der Sphäre verschwindet, überall verschwindet.   □

Wir haben die Dimension des Raums der harmonischen vom Grad k homogenen Polynome für $n = 3$ gefunden. Im allgemeinen Fall wächst die Dimension wie k^{n-2}.

Feststellung. *Sphärische Funktionen zu verschiedenen Eigenwerten sind paarweise orthogonal.*

Tatsächlich sind Eigenschwingungen zu verschiedenen Eigenfrequenzen immer orthogonal, so wie es die Achsen verschiedener Länge eines Ellipsoids im euklidischen Raum sind.

Daraus folgt zum Beispiel, daß $\int_{S^2}(3z^2 - 1)\,dz = 0$. Das kann man natürlich auch an Hand der Symmetrie sehen: Die entsprechenden Integrale für x, y und z sind alle gleich, und ihre Summe ist 0.

Satz. *Jede Kugelfunktion (Eigenfunktion des sphärischen Laplaceoperators) ist die Einschränkung eines im umgebenden Raum harmonischen homogenen Polynoms auf die Sphäre.*

BEWEIS. Die Eigenwerte des sphärischen Laplaceoperators sind nichtpositiv, da die potentielle Energie – das Dirichletsche Integral – nichtnegativ ist.

Dem Eigenwert 0 entsprechen auf der Sphäre harmonische Eigenfunktionen. Eine auf der Sphäre harmonische Funktion ist konstant (nach dem Maximumprinzip), da die Sphäre eine abgeschlossene (also kompakt und ohne Rand) zusammenhängende Mannigfaltigkeit ist. (Schneiden wir nämlich ein kleines Loch hinein, so wird das Maximum auf dem Rand dieses Lochs angenommen. Ziehen wir das Loch zu einem Punkt zusammen, können wir uns davon überzeugen, daß der Wert einer auf einer abgeschlossenen zusammenhängenden Mannigfaltigkeit harmonischen Funktion in jedem Punkt gleich dem Maximum dieser Funktion bezüglich der gesamten Mannigfaltigkeit ist.)

Jetzt betrachten wir einen beliebigen negativen Eigenwert $-\Lambda$, $\Lambda > 0$. Für jedes $\Lambda > 0$ gibt es einen Homogenitätsgrad $k > 0$, so daß $\Lambda = k(k + n - 2)$, Abb. 11.6.

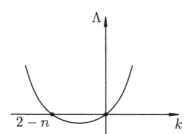

Abb. 11.6. Der Eigenwert als Potenzfunktion

Eine Eigenfunktion des sphärischen Laplaceoperators zum Eigenwert $-\Lambda$ läßt sich auf den ganzen Raum ohne Nullpunkt als harmonische homogene Funktion vom Grad k fortsetzen (gemäß unserer grundlegenden Identität).

Da k positiv ist, ist die fortgesetzte Funktion in einer Nullumgebung beschränkt. Nach einem weiter unten zu beweisenden Satz über die Hebbarkeit

einer Singularität bleibt eine in einer Nullumgebung beschränkte harmonische Funktion harmonisch, wenn sie stetig nach Null fortgesetzt wird. Für
diese fortgesetzte Funktion gilt $u(0) = 0$, da $u(rq) = r^k u(q)$, $k > 0$.

Sie ist im Nullpunkt harmonisch und folglich glatt. Aber eine in Null
glatte, homogene Funktion vom Grad k ist notwendigerweise ein homogenes
Polynom vom Grad k (wobei k zwangsläufig ganz und nichtnegativ ist); das
folgt aus der Taylorformel. Somit läßt sich jede Kugelfunktion zu einer homogenen harmonischen Funktion auf dem ganzen Raum fortsetzen   □

Damit ist auch die obige Feststellung 1 bewiesen.   □

Satz von Maxwell. *Für $n = 3$ erhält man jede Kugelfunktion vom Grad
k durch sukzessive Differentiation der Funktion $1/r$ in k Richtungen.*

BEWEIS. Erstens ist offensichtlich, daß die Ableitung einer harmonischen
Funktion in Richtung eines konstanten Vektorfeldes harmonisch ist. Beispielsweise sind die partiellen Ableitungen einer harmonischen Funktion harmonisch.

Zweitens stimmen die Ableitungen auf der Sphäre mit einem geeigneten
homogenen Polynom überein. Für die Ausgangsfunktion $1/r$ ist das klar,
denn 1 ist ein homogenes Polynom vom Grad 0.

Wir nehmen nun an, daß wir nach a Differentiationen eine Funktion der
Form F/r^a erhalten haben, wobei F ein homogenes Polynom vom Grad d
ist. Bei der Differentiation in Richtung eines konstanten Feldes bleibt die
Homogenität erhalten, der Grad verringert sich um 1. Es bezeichne $\nabla_{\mathbf{v}}$ die
Ableitung in Richtung des konstanten Feldes $\mathbf{v}$. Dann ist

$$\nabla_{\mathbf{v}} \frac{F}{r^a} = \frac{\nabla_{\mathbf{v}} F \cdot r^a - Fa \cdot r^{a-2}(\mathbf{v}, \mathbf{r})}{r^{2a}} = \frac{(\nabla_{\mathbf{v}} F) r^2 - aF(\mathbf{v}, \mathbf{r})}{r^{a+2}}.$$

Der Zähler ist ein homogenes Polynom vom Grad $d + 1$. Deshalb stimmt die
entstehende harmonische Funktion nach der Einschränkung auf die Einheitssphäre mit einem homogenen Polynom überein. Dieses Polynom ist harmonisch, denn nach der Differentiation erhalten wir eine homogene Funktion
negativen Grades. Ihr Homogenitätsgrad ist adjungiert zum Homogenitätsgrad des Zählers, der ein homogenes Polynom positiven Grades darstellt.
Die Einschränkung einer homogenen harmonischen Funktion auf die Sphäre
liefert eine Kugelfunktion. Setzt man diese mit dem adjungierten positiven
Homogenitätsgrad fort, so erhält man ein im ganzen Raum harmonisches
Polynom (nach dem obigen Satz). Somit fällt die Einschränkung unserer Ableitung auf die Sphäre mit der entsprechenden Einschränkung eines gewissen
homogenen im ganzen Raum harmonischen Polynoms zusammen.

Man kann zeigen (vgl. Anhang 1), daß der Raum der so erhaltenen Funktionen ein Vektorraum ist (was ganz und gar nicht offensichtlich ist).

Um zu zeigen, daß man so alle Kugelfunktionen erhält, genügt es nachzuweisen, daß der Raum der Kugelfunktionen keine echten Unterräume enthält,

die invariant unter allen Drehungen sind. Dann stimmt der durch die Maxwellsche Konstruktion erhaltene Unterraum (der invariant unter allen Drehungen ist) mit dem gesamten Raum der Kugelfunktionen überein.

Zum Nachweis, daß die Darstellung der Drehgruppe der Sphäre S^2 nicht
durch lineare Transformationen des $(2k + 1)$-dimensionalen Raums sphärischer Funktionen reduziert werden kann (d.h. daß keine nichttrivialen invarianten Unterräume existieren), genügt es, sich zum Beispiel davon zu
überzeugen, daß der gesamte Raum aus Linearkombinationen einer einzigen
Funktion und ihrer Drehungen besteht. Als eine solche erzeugende Funktion
kommt zum Beispiel eine zonale Kugelfunktion in Frage. Wir untersuchen
diese Funktion etwas genauer.

Zwei Methoden, eine Kugelfunktion zu einer homogenen harmonischen
Funktion fortzusetzen, haben wir kennengelernt. In der Maxwellschen Konstruktion betrachten wir den Fall, wenn alle Ableitungen in ein und derselben
Richtung genommen werden, etwa in Richtung der z-Achse. Schränken wir
die Funktionen $\left(\frac{\partial}{\partial z}\right)^k \frac{1}{r}$ auf die Sphäre ein, erhalten wir sphärische Funktionen. Für $k = 0$ ergibt sich die konstante Funktion 1, für $k = 1$ ergibt sich
z/r^3; in jedem Fall erhalten wir einen Ausdruck der Form

$$\left(\left(\frac{\partial}{\partial z}F\right)r^2 - aFz\right)/r^{a+2}.$$

Ist $F = F(z, r)$, so bleibt diese Form bei unseren Differentiationen erhalten, so
daß sich auf der Einheitssphäre eine Funktion nur von z ergibt. Das heißt, *im
Raum der Kugelfunktionen beliebigen Grades k gibt es eine Funktion, die nur
von z abhängt.* Sie ist die Einschränkung irgendeines Polynoms in z, das den
Namen *Legendre-Polynom* trägt. Legendre-Polynome verschiedenen Grades
sind paarweise orthogonal auf dem Intervall $[-1, 1]$ der z-Achse. Dies folgt
daraus, daß das Integral ihres Produktes über die Sphäre einerseits gleich Null
ist und andererseits sich einfach schreiben läßt als ein Integral bezüglich dz
– nach dem Satz des Archimedes über den Symplektomorphismus zwischen
der Sphäre ohne Pole und dem Zylinder (ein Flächenelement der Sphäre
ist gleich dem Flächenelement des umschriebenen Zylinders, wenn längs der
horizontalen Radien auf den Zylinder projiziert wird, Abb. 11.7).

Folgerung. *Auf dem Intervall* $]-1, 1[$ *besitzt das k-te Legendre-Polynom
k verschiedene Nullstellen.*

Tatsächlich kann es nicht mehr als k Nullstellen geben, da das Polynom
den Grad k hat. Wir nehmen nun an, daß es weniger als k Nullstellen gibt.
Dann ist die Anzahl m der Wurzeln, in denen das Polynom das Vorzeichen
wechselt, erst recht kleiner als k. Wir bilden eine Linearkombination von
Legendrepolynomen mit maximalem Grad m, die Nullstellen erster Ordnung
in diesen m Wurzeln besitzt. Eine solche Linearkombination existiert, da sich
jedes Polynom vom Grad m so darstellen läßt (der Raum dieser Polynome
hat die Dimension $m + 1$ und die ersten $m + 1$ Legendre-Polynome sind

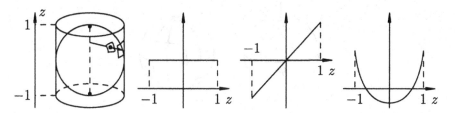

Abb. 11.7. Der Archimedische Symplektomorphismus der Sphäre auf den Zylinder und die Graphen der ersten drei Legendre-Polynome

linear unabhängig). Wir multiplizieren diese Linearkombination mit unserem Legendre-Polynom vom Grad k. Das Produkt hat keine Vorzeichenwechsel auf dem Intervall $]-1,1[$. Dies widerspricht der Orthogonalität des k-ten Legendre-Polynoms zu allen Legendre-Polynomen kleineren Grades.

Somit ist die Anzahl der verschiedenen Nullstellen des k-ten Legendre-Polynoms auf dem Intervall $]-1,1[$ gleich k. Es sind also alle Nullstellen einfach.

Jedes Legendre-Polynom beschreibt eine zonale Eigenschwingung der Sphäre, Abb. 11.8.

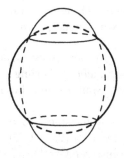

Abb. 11.8. Eine Schwingung der Sphäre, die einem Legendre-Polynom entspricht

Außer dem k-ten Legendre-Polynom f besitzen auch die adjungierten Funktionen $f_j(z)\cos j\varphi$, $f_j\sin j\varphi$ $(j < k)$ denselben Eigenwert; auch sie beschreiben Eigenschwingungen, Abb. 11.8; jedes Element des Netzes schwingt eigenständig.

Die adjungierten Funktionen kann man aus dem Legendre-Polynom gewinnen, indem man die Sphäre um einen kleinen Winkel α um die x- oder die y-Achse dreht. Das Legendre-Polynom verwandelt sich dabei in eine benachbarte Kugelfunktion. Die adjungierte Funktion mißt die Differenz zwischen der ursprünglichen und der verschobenen Funktion. Genauer gesagt, ist die

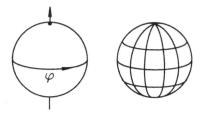

Abb. 11.9. Schwingungen der Sphäre, die den adjungierten Funktionen entsprechen

Ableitung der verschobenen Funktion nach α gerade die adjungierte Kugelfunktion:

$$\left(x\frac{\partial}{\partial z} - z\frac{\partial}{\partial z}\right) f(z) = xf'(z) = f'(z)\sqrt{1 - z^2}\cos\varphi .$$

Bei wiederholter Differentiation treten $\cos 2\varphi$, $\cos 3\varphi$ etc. auf. Diese Rechnungen zeigen übrigens, daß alle Kugelfunktionen von einer zonalen Funktion erzeugt werden, und beweisen damit die Irreduzibilität (die Nichtexistenz invarianter Unterräume).

Insbesondere folgt hieraus, daß die Maxwellsche Konstruktion alle Kugelfunktionen liefert.

Man kann zeigen (vgl. Anhang 1), daß der Raum der k-fachen Ableitungen der Funktion $1/r$ in Richtung von k konstanten (und daher kommutierenden) Vektorfeldern ein Vektorraum ist (die Ableitung hängt linear vom Feld ab). Die Dimension dieses Vektorraums der Ableitungen ist nicht größer als $2k+1$, da eine nicht verschwindende k-fache Ableitung durch die Richtungen von k Vektoren (k Punkten auf der 2-Sphäre) und durch noch einen gemeinsamen Faktor gegeben ist.

Andererseits haben wir oben eine lineare Abbildung dieses Vektorraums der Dimension $2k + 1$ auf den ganzen $(2k + 1)$-dimensionalen Raum der harmonischen homogenen Polynome vom Grad k im $\mathbb{R}^3$ konstruiert. Diese Abbildung ist also ein Isomorphismus. Folglich liefert die Maxwellsche Konstruktion nicht nur alle Kugelfunktionen zu gegebenem k, sondern man erhält sie sogar alle auf einmal. Damit ist die topologische Behauptung

$$S^k(\mathbb{R}P^2) \approx \mathbb{R}P^{2k}$$

bewiesen.

Eine Theorie der Kugelfunktionen gibt es für jede Dimension, und in jeder Dimension gibt es zonale Funktionen. Im Fall $n = 3$ sind das die Legendre-Polynome. Wir wollen schauen, was sich im Fall $n = 2$ ergibt.

Schwingungen der Kreislinie werden durch die Eigenfunktionen

$$\cos k\varphi \quad \text{und} \quad \sin k\varphi$$

beschrieben. Die Existenz zonaler Schwingungen bedeutet, daß man diese beiden Funktionen so linear kombinieren kann, daß die Kombination nur von z abhängt. Aber das ist offensichtlich. Eine solche Funktion ist $z = \cos\varphi$ aber auch $\cos k\varphi$ für beliebige k, Abb. 11.10.

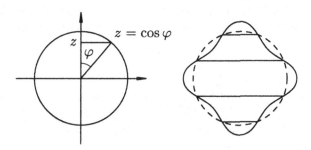

Abb. 11.10. Zonale Schwingungen der Kreislinie

Folgerung. *Es gilt* $\cos k\varphi = T_k(\cos\varphi)$, *wobei* T_k *ein Polynom ist.*

Diese Polynome heißen *Tschebyscheff-Polynome*. Sie sind auf dem Intervall $[-1, 1]$ orthogonal, allerdings bezüglich eines Gewichtes (finden Sie heraus, welchen) und haben ähnliche Nullstelleneigenschaften wie die Legendre-Polynome.

Übrigens spielen hier die Funktionen $\sin k\varphi$ die Rollen der adjungierten Funktionen; sie ergeben sich aus den zonalen Funktionen durch Differentiation nach dem Drehwinkel einer zonalen Funktion.

Die meisten der sogenannten speziellen Funktionen der mathematischen Physik treten in Schwingungsproblemen von Körpern mit dieser oder jener Symmetrie in einem Raum irgendeiner Dimension auf.

So führt beispielsweise das Schwingungsproblem des Kreises zu den sogenannten Bessel-Funktionen. Der deutsche Astronom begegnete diesen Funktionen, als er die Einschränkung des Gravitationspotentials der Sonne auf eine Keplersche Ellipse in eine Fourierreihe entwickelte.

Die Tatsache, daß so verschiedene physikalische Probleme wie das Schwingungsproblem eines Kreises und die Anziehungskraft von Planeten zu ein und derselben mathematischen Theorie führen, ist eine verblüffende Bestätigung der Universalität der Mathematik und der Einheit aller Dinge.

Der Beweis des erstaunlichen Satzes von Maxwell ist beendet, wenn wir noch den darin verwendeten (und ebenfalls erstaunlichen) Satz über die Hebbarkeit von Singularitäten beweisen.   □

Satz. *Es sei* $n = 2$. *Ist eine Funktion im* $\mathbb{R}^n$ *in einer gelochten Umgebung eines Punktes harmonisch und beschränkt, so läßt sie sich stetig in diesen*

Punkt fortsetzen, und die fortgesetzte Funktion ist in der ganzen Umgebung einschließlich des Punktes selbst harmonisch.

Dieser Satz hat eine einfache physikalische Bedeutung. Eine harmonische Funktion beschreibt die Gleichgewichtslage einer Membran, die auf irgendeine Kontur gespannt wurde. Beispielsweise kann man die Membran auf zwei Ringe spannen. Der Satz behauptet, daß es nicht möglich ist, die Membran in einem Punkt mit einer Nadel zu stützen; die Nadel stößt durch, Abb. 11.11.

Abb. 11.11. Eine Membran kann man mit einem Ring stützen, aber nicht mit einer Nadel.

Im Fall einer dünnen Platte, die der Gleichung $\Delta^2 u = 0$ genügt, ist dies nicht wahr, d.h. eine Platte kann man in einem Punkt stützen.

BEWEIS. Wir betrachten eine Kreislinie mit Mittelpunkt in dem betrachteten Punkt 0 (nach einer Verschiebung und Streckung der Koordinaten kann man annehmen, daß die Kreislinie durch die Bedingung $r = 1$ gegeben ist). Wir konstruieren die harmonische Funktion im Kreis, die auf der Kreislinie mit unserer Funktion übereinstimmt. Daß eine solche Funktion existiert, wissen wir bereits (eine explizite Formel ist das Poissonsche Integral aus Vorlesung 7). Wir müssen zeigen, daß die Differenz u der ursprünglichen und der konstruierten Funktion in der gelochten Kreisscheibe gleich 0 ist

Wir betrachten die Funktion $u_0 = C \ln(1/r)$, die in der gelochten Kreisscheibe harmonisch ist und auf der Kreislinie $r = 1$ verschwindet. Es sei C so gewählt, daß für $r = \varepsilon$ diese Funktion größer als u ist.

In der gelochten Kreisscheibe ist u beschränkt, und zwar gelte dort $|u| \leq M$. Damit für $r = \varepsilon$ die Funktion u_0 den Wert M annimmt, setzen wir $C = \frac{M}{\ln(1/\varepsilon)}$. Dann gilt auf dem Rand des Einheitskreises $u = u_0 = 0$, und auf dem Rand des Kreises vom Radius ε gilt $u \leq u_0$. Im Ring zwischen den Kreislinien sind beide Funktionen harmonisch, und auf beiden Rändern gilt $u \leq u_0$. Nach dem Maximumprinzip ist die im Ring harmonische Funktion $u_0 - u$ im ganzen Ring nichtnegativ, Abb. 11.12. Also gilt

$$0 \leq u \leq \frac{M \ln(1/r)}{\ln(1/\varepsilon)} \, .$$

Derselben Ungleichung genügt aber auch $-u$.

Lassen wir nun $\varepsilon \to 0$, so erhalten wir für alle Punkte des Kreises $u = 0$, Abb. 11.12. □

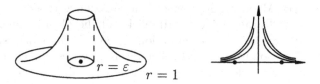

Abb. 11.12. Eine Membran kann man mit einem Ring stützen, aber nicht mit einer Nadel.

Ein analoger Beweis funktioniert auch für den Fall, in dem die Singularität schwächer als die des Logarithmus ist. Die angewandte Methode zur Hebung einer Singularität heißt Barrieren-Methode. Die Idee der Methode besteht darin, eine positive außerhalb der Singularität harmonische Funktion zu finden, die bei Annäherung an die Singularität gegen Unendlich geht. Durch Multiplikation dieser „Barrieren-Funktion" mit einer geeigneten Konstanten, kann man sie in einem beliebigen Punkt außerhalb der Singularität so klein machen, wie man will. Konvergiert die untersuchte Funktion bei Annäherung an die Singularität langsamer gegen Unendlich als die Barrieren-Funktion, dann ist die Singularität hebbar. Auf den Rändern des Rings ist die untersuchte Funktion kleiner (bzw. nicht größer) als die Barrieren-Funktion, so daß sie betragsmäßig überall kleiner (bzw. nicht größer) ist und damit verschwindet.

Der Satz über die Hebbarkeit einer Singularität gilt in beliebigen Dimensionen. Die Singularität muß schwächer sein als die der Fundamentallösung. Der Beweis geht ganz genauso wie im Fall $n = 2$, nur muß man $C \ln(1/r)$ ersetzen durch $C(r^{n-2})^{-1}$.

Folgerung. *Eine in der Ebene harmonische, beschränkte Funktion ist konstant.*

Bemerkung. Dieses Ergebnis von Liouville gilt auch im $\mathbb{R}^n$, aber der unten geführte einfache Beweis funktioniert nur für $n = 2$.

BEWEIS. Die Riemannsche Sphäre läßt sich mit Hilfe der stereographischen Projektion durch zwei flache Karten überdecken, die durch die Transformation $w = 1/z$ miteinander zusammenhängen. Wir betrachten unsere Funktion $u(z)$ auf der Karte w. Dort ist sie harmonisch und in einer Nullumgebung beschränkt. Nach dem Satz über die Hebbarkeit einer Singularität ist sie auf der ganzen Riemannschen Sphäre beschränkt und harmonisch und damit konstant. $\square$

Bemerkung. Es genügt sogar die Beschränktheit in einer Richtung. Beispielsweise ist jede positive auf der ganzen Ebene harmonische Funktion konstant.

Aufgabe. Wächst eine auf der Ebene harmonische Funktion nicht schneller als ein Polynom, so ist sie ein Polynom.

HINWEIS. Die Ableitungen einer solchen Funktion wachsen nicht schneller als ein Polynom. Daraus folgt im Hinblick auf die Cauchy-Riemannschen Gleichungen, daß die holomorphe Funktion f, deren Realteil die ursprüngliche harmonische Funktion ist, nicht schneller als ein gewisses Polynom vom Grad N wächst. Das heißt, die in irgendeiner Umgebung von $z = \infty$ (also $w = 0$) holomorphe Funktion $f(z)/z^N = w^N f(1/w)$ ist beschränkt. Aus dem Satz über die Hebbarkeit von Singularitäten folgt, daß sie auch in $w = 0$ holomorph ist; also ist f ein Polynom vom Grad höchstens N.

Aufgabe. Ist die Singularität einer beschränkten Funktion, die im $\mathbb{R}^3$ außerhalb eines Intervalls harmonisch ist, hebbar?

HINWEIS. Als Barriere wähle man das Potential einer Ladung der Dichte 1 auf dem Intervall.

Aufgabe. Zeigen Sie den Satz von Liouville im $\mathbb{R}^n$: Eine beschränkte harmonische Funktion ist konstant.

HINWEIS. Man verwende die Poissonsche Formel oder eine Entwicklung in eine Reihe sphärischer Funktionen auf einer großen Sphäre.

Vorlesung 12. Randwertprobleme für die Laplacegleichung. Die Theorie linearer Gleichungen und Systeme

Im $\mathbb{R}^n$ betrachten wir die kompakte zusammenhängende glatte Fläche S^{n-1}, die den $\mathbb{R}^n$ in zwei Gebiete unterteilt, nämlich das innere (beschränkte) Gebiet G und das äußere (unbeschränkte) Gebiet G'. Auf dem Rand sei eine stetige Funktion $S^{n-1} \to \mathbb{R}$ gegeben. Das Dirichletsche Randwertproblem für die Laplace-Gleichung besteht darin, im Abschluß des Gebietes G (oder G') eine Funktion zu finden, die folgende Bedingungen erfüllt.

1) Die Funktion u ist harmonisch, d.h. $\Delta u = 0$ im Gebiet G (inneres Problem) oder G' (äußeres Problem).
2) Die Funktion u ist im Abschluß des Gebiets stetig, also $u \in C(\bar{G})$ (bzw. $u \in C(\bar{G}')$).
3) Die Funktion u genügt der Randbedingung $u|_{S^{n-1}} = f$.
4) Im Fall des äußeren Problems werden noch zusätzliche Bedingungen an das Verhalten in Unendlich gestellt, die auf die Existenz und Eindeutigkeit eine Lösung Einfluß haben. In verschiedenen Lehrbüchern werden diese Bedingungen unterschiedlich formuliert. Am weitesten verbreitet ist die (auf den ersten Blick seltsam anmutende) Bedingung

$$|u| < C \quad \text{für } x \to \infty, \text{ falls } n = 2\,;$$
$$|u| \to 0 \quad \text{für } x \to \infty, \text{ falls } n > 2\,.$$

Als Neumann-Problem bezeichnet man dasjenige Problem, bei dem die dritte Bedingung die Form $\frac{\partial u}{\partial n} = f$ hat; dann muß man in der zweiten Bedingung zusätzlich die C^1-Glattheit von u auf dem Rand verlangen oder irgendeine andere Bedingung hinzufügen, die die Existenz der Normalenableitung garantiert.

Im Fall des Neumann-Problems werden üblicherweise auch Bedingungen des Typs 4) gestellt. Physikalisch entspricht die Dirichletsche Randbedingung 3) einer im Rand befestigten Membran, während die Neumannsche Bedingung $\frac{\partial u}{\partial n} = 0$ zu einer am Rand freien Membran gehört.

Indem wir die Varianten inneres/äußeres, Dirichletsches/Neumannsches Problem kombinieren, erhalten wir insgesamt vier Typen von Randwertaufgaben, die wir uns nun der Reihe nach ansehen.

1. Das innere Dirichlet-Problem

Die Lösung existiert und ist eindeutig.

Beispielsweise im Fall $n = 2$ liefert das Poissonsche Integral die Lösung des Dirichlet-Problems für den Kreis. Ein beliebiges Gebiet kann man nach dem Riemannschen Abbildungssatz konform auf den Kreis abbilden; dadurch kann man auch für dieses das Dirichlet-Problem lösen. Leider stützt sich der Beweis des Riemannschen Abbildungssatzes auf die Existenz einer Lösung des Dirichlet-Problems. Zudem führt dieser Ansatz in höheren Dimensionen nicht zum Erfolg. Dennoch gilt das Resultat für beliebige Dimensionen: Es existiert eine eindeutige Lösung des Dirichlet-Problems.

Das Ergebnis bleibt sogar für den Fall eines ebenen oder mehrdimensionalen Gebiets, das durch mehrere zusammenhängende Flächen begrenzt wird, richtig. Die Eindeutigkeit folgt sofort aus dem Maximumprinzip (vgl. die vorangehende Vorlesung). Die Idee des Existenzbeweises besteht in der Minimierung des Dirichletschen Integrals bei den gegebenen Randbedingungen. Dieses Minimum kann, wie wir wissen, nur für eine Lösung des Dirichlet-Problems angenommen werden. Es wird tatsächlich angenommen. Physikalisch ist das ziemlich klar (die stationäre Lage der auf eine Kontur gespannten Membran). Aber der Beweis ist nicht trivial, da gewisse Feinheiten zu beachten sind. Beispielsweise wird das Minimum für eine in einem Punkt gestützte Membran nicht angenommen (vgl. den Satz über hebbare Singularitäten der vorigen Vorlesung). Wir werden die Existenz eines Minimums nicht beweisen.

2. Das äußere Dirichlet-Problem

Dieses läßt sich auf das innere zurückführen. Dazu führt man eine Inversion mit Zentrum in einem Punkt des Gebiets durch. Wählt man diesen Punkt als Ursprung des Koordinatensystems, so ist die Inversion durch die Formel $x \mapsto x/|x|^2$ gegeben. Im Fall $n = 2$ gehen dabei harmonische Funktionen in ebensolche über. Für $n > 2$ erweist sich die Funktion $\frac{1}{|x|^{n-2}} u\left(\frac{x}{|x|^2}\right)$ als harmonisch. Die neue Funktion betrachten wir in dem beschränkten Gebiet, das aus dem äußeren Gebiet durch die Inversion hervorgegangen ist, Abb. 12.1, und stellen für sie das Dirichlet-Problem auf.

Wie man sieht, kann eine Singularität im Nullpunkt auftreten. Aber wenn die ursprüngliche Funktion im äußeren Gebiet beschränkt ist, so ist die Singularität hebbar. Also existiert eine beschränkte Lösung des äußeren Dirichlet-Problems und ist eindeutig. Für $n > 2$ konvergiert sie in Unendlich gegen Null, da eine Lösung des inneren Problems bei der Transformation ins äußere Gebiet durch die gegen Unendlich wachsende Funktion $|x|^{n-2}$ geteilt wird.

Unbeschränkte Lösungen sind nicht eindeutig. Beispielsweise für $n = 2$ und den Kreisrand $r = 1$ als Rand kann man zu einer beschränkten Lösung ein beliebiges Vielfaches der Fundamentallösung (die auf dem Rand verschwindet und nach außen gegen Unendlich strebt) addieren. Man kann auch andere

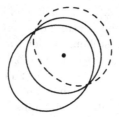

Abb. 12.1. Transformation der Gebiete durch eine Inversion

harmonische Funktionen addieren, zum Beispiel $r \cos \varphi$, oder $\cos \varphi / r$. Ohne Bedingung 4) erhalten wir einen unendlichdimensionalen Lösungsraum.

Im Fall $n > 2$ ist die Bedingung 4) so gewählt, daß die transformierte Funktion $\frac{1}{|x|^{n-2}} u \left(\frac{x}{|x|^2} \right)$ geteilt durch die Fundamentallösung $1/|x|^{n-2}$ für $|x| \to \infty$ gegen 0 konvergiert. Dann ist auf die transformierte Funktion der Satz über die Hebbarkeit von Singularitäten anwendbar, und das äußere Dirichlet-Problem läßt sich auf ein inneres zurückführen. So ergibt sich die Bedingung $u \to 0$ für $x \to \infty$.

3. Das innere Neumann-Problem

Es sei zunächst $n = 2$. In diesem Fall ist eine harmonische Funktion der Realteil einer holomorphen. Der Imaginärteil dieser holomorphen Funktion ist die zu unserer harmonischen Funktion adjungierte harmonische Funktion. Die Cauchy-Riemannschen Bedingungen bedeuten, daß die Normalenableitung unserer gesuchten Funktion am Rand gleich der Ableitung der adjungierten Funktion in der orthogonalen Richtung ist, Abb. 12.2.

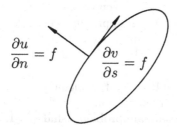

Abb. 12.2. Transformation des Neumann-Problems auf ein Dirichlet-Problem

Es folgt, daß die Ableitung der adjungierten Funktion v tangential zum Rand ist. Ließe sich auf Grund dieser Ableitung die Funktion v auf dem Rand bestimmen, so wäre damit das Neumann-Problem für die Funktion u auf ein

Dirichlet-Problem für die Funktion v zurückgeführt. Aber nicht immer läßt sich v anhand seiner Ableitung bestimmen; dem können Hindernisse topologischen Charakters entgegenstehen. Ist der Rand zum Beispiel topologisch ein Kreis mit der Koordinaten s, so ist die Möglichkeit der Bestimmung von v aus seiner Ableitung $f = \partial v/\partial s$ äquivalent zu der Bedingung $\oint_{\partial G} f \, ds = 0$. Im Fall eines nicht einfach zusammenhängenden Gebiets, etwa eines Rings, erfordert die Lösbarkeit des Problems ebenfalls $eine$ Bedingung: Das Integral der Randfunktion über den Rand des Rings muß gleich Null sein. Es ist nicht etwa so, wie man erwarten könnte, daß zwei Bedingungen der Art „Das Integral über jede Kreislinie muß verschwinden" auftreten (und es ist lehrreich zu überlegen, warum das so ist!). Somit haben wir folgendes Ergebnis.

Satz. *Das innere Neumann-Problem ist genau in dem Fall lösbar, wenn $\oint_{\partial G} f \, ds = 0$. Die Lösung ist bis auf eine additive Konstante eindeutig. Der Lösungsraum hat also die Dimension* 1.

Bemerkung. Wir betrachten einen linearen Operator $A : X \to Y$. Im Raum X gibt es einen Unterraum Kern A, den Kern von A, und im Raum Y gibt es einen Unterraum Bild A, das Bild von A.

Die Zahl $k = \dim \mathrm{Kern}\, A$ ist die Anzahl der linear unabhängigen Lösungen der homogenen Gleichung $Au = 0$, und die Zahl $s = \mathrm{codim}\, \mathrm{Bild}\, A$ ist die Anzahl der linear unabhängigen Bedingungen, die an die rechte Seite der inhomogenen Gleichung $Au = f$ gestellt werden müssen, um die Lösbarkeit zu garantieren.

Genauso setzen wir $c = \mathrm{codim}\, \mathrm{Kern}\, A$ und $i = \dim \mathrm{Bild}\, A$. Dann gilt $c + k = \dim X$ und $i + s = \dim Y$. Außerdem ist $c = i$ (die Faktorisierung nach dem Kern ist isomorph zum Bild). Also folgt $k - s = \dim X - \dim Y$.

Wir sehen daß die Zahl $k - s$, die man als Index des Operators A bezeichnet, gar nicht vom Operator, sondern nur von den Räumen abhängt.

Manchmal läßt sich diese Beobachtung auf unendlichdimensionale Räume verallgemeinern. Dies ist möglich, wenn der Operator A hinreichend gut durch endlichdimensionale Operatoren approximiert werden kann. In unseren Anwendungen werden X und Y Funktionenräume sein, und wir haben zu zeigen, daß die Approximation durch Partialsummen von Fourierreihen hinreichend gut ist.

Wir betrachten unsere Randwertprobleme unter diesem Gesichtspunkt. Im Fall des inneren Dirichletproblems sind $s = 0$, $k = 0$, $s - k = 0$. Im Fall des inneren Neumannproblems sind $s = 1$, $k = 1$, $s - k = 0$. Es erweist sich, daß es in beiden Problemen um eine Abbildung ein und derselben Räume geht.

Die Notwendigkeit der Bedingung $\oint_{\partial G} f \, ds = 0$ für die Lösbarkeit des inneren Dirichletproblems ergibt sich auch aus Überlegungen zur Minimierung des Dirichletschen Integrals. Für $n = 2$ ist zum Beispiel offensichtlich, daß die Normalenableitung nicht auf dem ganzen Rand positiv sein kann, da andernfalls das Maximumprinzip verletzt wäre, Abb. 12.3. Ist die Ableitung positiv, so entsteht eine Singularität, die nicht kleiner ist als die des Logarithmus, Abb. 12.3.

Abb. 12.3. Die Normalenableitung einer harmonischen Funktion kann nicht auf dem ganzen Rand positiv sein.

Aufgabe. Wenden Sie partielle Integration auf das Dirichletsche Integral $\int_G (\nabla u)^2 \, dx$ im mehrdimensionalen Fall an und überzeugen Sie sich, daß die Bedingung $\oint_{\partial G} f \, ds = 0$ für die Lösbarkeit des inneren Neumann-Problems notwendig ist.

4. Das äußere Neumann-Problem

Im zweidimensionalen Fall kann man das äußere Problem auf ein inneres zurückführen (was im höherdimensionalen Fall nicht gelingt). Wir bemerken, daß für die Bedingung $\partial u / \partial n = 1$ auf der berandenden Einheitskreislinie $r = 1$ das innere Problem nicht lösbar ist, während das äußere die Lösung $\ln(1/r)$ besitzt. Jede Funktion auf dem Rand läßt sich darstellen als Summe einer Konstanten und einer Funktion deren Randintegral verschwindet. Durch Inversion kann man das äußere Problem auf ein Inneres zurückführen: Die Ableitung in Richtung der äußeren Normalen geht in die Ableitung in Richtung der inneren Ableitung über. Dies gilt für beliebige Gebiete, da die Inversion eine konforme Abbildung ist und sie daher die Normale zu einer Randgeraden auf die Normale zu deren Bild transformiert.

Das Endergebnis lautet daher: Ohne Bedingung 4) ist die Lösung nicht eindeutig. Mit Bedingung 4) ist die Lösung eindeutig und existiert genau dann, wenn $\oint_{\partial G} f \, ds = 0$.

Dasselbe ist auch in höheren Dimensionen richtig. Dabei gilt $s = 1$, $k = 1$, $k - s = 0$.

Die Beweise aller aufgelisteten Ergebnisse über die Existenz und Eindeutigkeit der Lösungen von Randwertaufgaben sind nach folgender Methode aufgebaut. Wir suchen die Lösung in Form eines Potentials unbekannter Dichte. Für diese Dichte erhält man eine Integralgleichung, deren Lösbarkeit man tatsächlich zeigt.

Wir betrachten als Beispiel das innere Dirichlet-Problem. Eine Lösung suchen wir in Form des Doppelschichtpotentials mit unbekannter Dichte ρ auf dem Rand. Wir bezeichnen den Wert des Potentials auf dem Rand mit $A\rho$, wobei A ein linearer Integraloperator ist, der einen Raum von Funktionen auf dem Rand in sich abbildet. Nach dem Satz über den Sprung des Doppelschichtpotentials ist der Grenzwert des Integrals bei Annäherung an den Rand von innen gleich $A\rho + \lambda\rho$, wobei λ eine Konstante ist, die nur von der Dimension abhängt ($\lambda = \pi$ für $n = 2$ und $\lambda = 2\pi$ für $n = 3$). Die Dirichletsche Randbedingung $u|_{\partial G} = f$ nimmt daher die Gestalt der Gleichung $(A + \lambda E)\rho = f$ für ρ an.

Wäre der Raum der Dichten endlichdimensional, so könnten wir gleich die Lösung $\rho = (A + \lambda E)^{-1}$ angeben. Die Existenz des inversen Operators ist in diesem Fall garantiert, wenn die homogene Gleichung keine nichttriviale Lösung besitzt.

Die Eindeutigkeit der Lösung der Gleichung $(A + \lambda E)\rho = 0$ folgt aus dem Maximumprinzip, weil eine Funktion, die auf dem Rand eines Gebietes verschwindet, auf dem Abschluß des Gebiets stetig ist und im Innern harmonisch ist, überall verschwindet. Wäre also der Raum der Dichten endlichdimensional, so wäre die Existenz einer Lösung des Dirichlet-Problems bewiesen.

Tatsächlich ist der Raum zwar unendlichdimensional, doch der Operator A läßt sich so gut durch endlichdimensionale approximieren, daß die Schlußfolgerung gültig bleibt.

Der Grund, warum der Operator A sich fast verhält wie ein endlichdimensionaler, ist folgender. Der Operator bildet die Dichte ρ auf den Wert des Potentials auf dem Rand ab. Wir betrachten einen Randpunkt x, Abb. 12.4

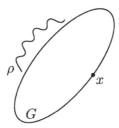

Abb. 12.4. Eine harmonische Schwingung hoher Ordnung leistet nur einen kleinen Beitrag zum Wert des Potentials in einem Randpunkt.

Wir entwickeln die Dichte in eine Fourierreihe. Ein Term hoher Ordnung in dieser Reihe oszilliert schnell. Physikalisch bedeutet dies das Vorhandensein nahe benachbarter Ladungen mit entgegengesetzten Vorzeichen. Diese wirken einander entgegen, weshalb ein solcher Term wenig Einfluß auf den Wert im Punkt x hat. Deshalb läßt sich der Operator A gut durch endlichdimensionale Operatoren approximieren. Dank dieser Tatsache ist der Index des Operators $A + \lambda E$ gleich Null, genauso wie der Index eines Operators eines endlichdimensionalen Raums in sich, und das obwohl $A + \lambda E$ im unendlichdimensionalen Raum der Dichten operiert.

Im höherdimensionalen Fall eines sphärischen Randes kann man anstelle der Entwicklung in eine Fourierreihe eine Entwicklung in Kugelfunktionen verwenden. Für andere berandende Mannigfaltigkeiten verwendet man den Fourierreihen analoge lokale Entwicklungen in der Nähe jeden Punktes.

Damit beenden wir unsere kurze Diskussion von Existenz- und Eindeutigkeitsfragen für Lösungen der grundlegenden Randwertprobleme der Laplacegleichung. Für eine saubere Herleitung der aufgeführten Resultate benötigt man die Theorie der Fredholmschen Integralgleichungen, zu deren Entwicklung in diesen Vorlesungen kein Platz ist. Eine knappe Darstellung findet sich, zum Beispiel, im Lehrbuch „Einführung in die Theorie der Vektorräume" von G. E. Shilov[1]

Lineare partielle Differentialgleichungen und ihre Symbole

Wir kehren zur allgemeinen Theorie der Differentialgleichungen zurück. Zunächst erinnere ich an den allgemeinen Begriff der Linearisierung. Wir beginnen mit einer gewöhnlichen Differentialgleichung, die durch ein Vektorfeld v im Phasenraum gegeben ist. Es sei x_0 eine Ruhelage der Differentialgleichung $\dot{x} = v(x)$, d.h. $v(x_0) = 0$. Dann kann man sich in einer Umgebung von x_0 das Problem der kleinen Schwingungen um die Ruhelage x_0 ansehen, die durch das linearisierte System $\dot{y} = Ay$, $A = \frac{\partial v}{\partial x}\big|_{x=x_0}$ gegeben sind, Abb. 12.5.

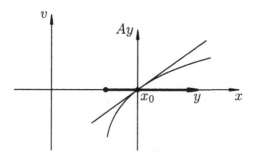

Abb. 12.5. Die Linearisierung in einer Umgebung der Ruhelage

Die Ersetzung der Gleichung $\dot{x} = v(x)$ durch $\dot{y} = Ay$ heißt *Linearisierung* des Systems im Punkt x_0. Das linearisierte Vektorfeld lebt im Tangentialraum des ursprünglichen Phasenraums im Gleichgewichtspunkt. Es hängt

---

[1] G. E. Shilov, *An introduction to the theory of linear spaces.*, Dover Books on Advanced Mathematics, Dover Publications, New York, 1974. (Anm. d. Übers.)

nicht vom Koordinatensystem ab, bezüglich dessen die Jacobimatrix $\frac{\partial v}{\partial x}\big|_{x=x_0}$ bestimmt wurde.

Im Fall einer partiellen Differentialgleichung ergibt sich auf diese Weise das Problem der kleinen Schwingungen eines kontinuierlichen Mediums (einer Saite, einer Membran, etc.). Dabei handelt es sich um die Linearisierung der Gleichung für die Dynamik eines kontinuierlichen Mediums, deren Phasenraum der unendliche Raum der Positionen und Geschwindigkeiten der Punkte des Mediums ist. In linearisierten Problemen der kleinen Schwingungen eines kontinuierlichen Mediums spielen lineare partielle Differentialoperatoren beliebiger Ordnung die Rolle des Operators A.

Die gesuchte Funktion ist nicht notwendigerweise skalar, sondern vektorwertig (stellen Sie sich etwa eine Saite im dreidimensionalen Raum vor; ihre Abweichung von der Ruhelage ist in jedem Punkt ein Vektor aus zwei Komponenten, nämlich den Koordinaten der zur Saite orthogonalen Richtungen).

Zur Beschreibung ähnlicher Situationen in allgemeiner Form betrachtet man das Vektorbündel, dessen Basis die Mannigfaltigkeit der unabhängigen Variablen ist. Die Werte der unbekannten Funktionen (der „Felder", wie die Physiker sagen) definieren einen Schnitt dieses Bündels. Bei lokaler Untersuchung kann man alles in Koordinaten darstellen und annehmen, daß $x \in \mathbb{R}^n$ und $u \in \mathbb{R}^r$. In der Physik heißen die Komponenten des Vektors u Felder, ihre Anzahl r ist die Zahl der Felder und $D = n - 1$ ist die physikalische Dimension, wobei eine Dimension für die Zeit abgezogen wurde.

Ein linearer Differentialoperator im Koordinatensystem $(x_1, \ldots, x_n)$ hat die Form eines Polynoms in $\partial/\partial x_i$ mit Koeffizienten, die von x abhängen, also

$$P(\partial, x) = \sum_{|\alpha|=0}^{m} a_\alpha(x)\partial^\alpha \, ,$$

wobei

$$\alpha = (\alpha_1, \ldots, \alpha_n) \in \mathbb{Z}_+^n \, , \quad |\alpha| = \alpha_1 + \ldots + \alpha_n \, ,$$

$$\partial^\alpha = \frac{\partial^{|\alpha|}}{\partial x_1^{\alpha_1} \cdots \partial x_n^{\alpha_n}} \, .$$

Die Zahl $m = \max |\alpha|$ heißt Ordnung des Operators. Ein solcher Operator operiert auf skalaren Funktionen ($r = 1$). Gibt es mehrere Felder ($r > 1$), so treten üblicherweise „matrixförmige" Differentialoperatoren mit Werten im Vektorbündel über derselben Basis wie im Fall der ursprünglichen Felder auf. Normalerweise ist die Dimension einer Faser gleich der Anzahl der Felder r, d.h. die Zahl der Gleichungen ist gleich der Zahl der unbekannten Funktionen. In lokalen Koordinaten schreibt sich der Operator $u \mapsto v$ in Form des Systems

$$v_1 = P_{11}(\partial, x)u_1 + \ldots + P_{1r}(\partial, x)u_r$$

$$\vdots$$

$$v_r = P_{r1}(\partial, x)u_1 + \ldots + P_{rr}(\partial, x)u_r \ .$$

Bezeichnen wir die gesamte Matrix der Operatoren $P_{jl}(\partial, x)$ mit $\mathcal{P}(\partial, x)$, so haben wir die kurze Matrixschreibweise $v = \mathcal{P}(\partial, x)u$. Hierbei ist $\mathcal{P}$ eine Matrix aus Polynomen in $\partial/\partial x_i$ mit von x abhängigen Koeffizienten.

Beispiel. Die Cauchy-Riemannschen Differentialgleichungen haben die Gestalt

$$0 = \begin{pmatrix} \partial_x & -\partial_y \\ \partial_y & \partial_x \end{pmatrix} \begin{pmatrix} u \\ v \end{pmatrix} ,$$

wobei $r = 2$; die Matrix ist schiefsymmetrisch, der Grad der Polynome ist $m = 1$, und die Koeffizienten sind konstant.

Etwas allgemeiner betrachten wir nun den wichtigen Spezialfall, wenn die Differentialoperatoren $\mathcal{P}$ invariant bezüglich Verschiebungen von x sind, d.h. wenn alle Koeffizienten $a_\alpha(x)$ konstant sind.

Dieser Fall tritt folgendermaßen auf. Ist bekannt, daß sich die Felder fließend[2] ändern, so kann man bei einer lokalen Betrachtung die Koeffizienten in erster Näherung einfrieren, d.h. zu konstanten Koeffizienten übergehen, deren Werte gleich den Koeffizienten im betrachteten Punkt sind. Für sich langsam ändernde Felder liefert das Einfrieren der Koeffizienten eine hinreichend gute Näherung.

Also betrachten wir Operatoren mit konstanten Koeffizienten $A = \mathcal{P}(\partial)$. Es zeigt sich, daß die zugehörigen Gleichungen lösbar sind, wobei sich eine rein algebraische Theorie ergibt. Der Einfachheit halber nehmen wir an, daß $r = 1$ (es wird also eine Gleichung mit einer unbekannten Funktion untersucht).

Wir definieren den Shift-Operator $T_s : \mathbb{R}^n \to \mathbb{R}^n$, $T_s x = x + s$. Die Operatoren $A = \mathcal{P}(\partial)$ und T_s operieren auf Funktionen und kommutieren, $AT_s = T_s A$. Das heißt, sie besitzen gemeinsame Eigenvektoren. Welche Eigenfunktionen hat der Shift-Operator? Wir nehmen an, daß unsere Funktionen komplexwertig sind.

Auf der Kreislinie lassen sich die Funktionen als Fourierreihen darstellen. Je länger das zu einer Kreislinie aufzuwickelnde Intervall ist, desto näher liegen die an der Darstellung beteiligten Frequenzen beieinander. Und zwar sind für ein Intervall der Länge L die Frequenzen $\kappa = 2\pi l/L$ beteiligt, Abb. 12.6.

Abb. 12.6. In einer Fourierentwicklung treten benachbarte Frequenzen auf.

Man kann also erwarten, daß bei einer Streckung des Intervalls auf die ganze Gerade die Reihe in ein Integral übergeht. Auf diese Weise bilden die

[2] d.h. zweimal stetig differenzierbar, Anm. d. Übers.

imaginären Exponenten e^{ikx} eine „kontinuierliche Basis", wobei k den Dualraum $(\mathbb{R}^n)^*$ durchläuft (in der Physik heißt k Wellenzahl). Die Funktionen $e_k = e^{ikx}$ heißen (harmonische) ebene Wellen, sie sind die Eigenfunktionen des Shift- und des Differentialoperators:

$$T_s e_k = \lambda_k e_k, \quad \lambda_k = e^{iks}, \quad \partial^\alpha e_k = (ik)^\alpha e_k.$$

Wir sehen, daß $A e_k = P(ik) e_k$, d.h. jede harmonische ebene Welle ist eine Eigenfunktion für jeden linearen Differentialoperator mit konstanten Koeffizienten, wobei der Eigenwert ein Polynom der Wellenzahl ist.

Im Fall von r Feldern sind die Rechnungen analog. Multipliziert man die Exponentialfunktion mit der Amplitude $w \in \mathbb{R}^r$, so erhält man $\mathcal{P}(\partial) w e_k = (\mathcal{P}(ik)) w e_k$. Hierbei ist $\mathcal{P}(ik)$ eine Matrix, deren Einträge Polynome sind.

Übung. Bestimmen Sie diese Matrix für den Cauchy-Riemann Operator.

Antwort. $\begin{pmatrix} ik_1 & -ik_2 \\ ik_2 & ik_1 \end{pmatrix}.$

Zu jeder Wellenzahl k und jedem Differentialoperator $P(\partial)$ mit konstanten Koeffizienten gibt es, allgemein gesprochen, r Eigenvektoren des Operators $P(ik)$. Jeder von ihnen definiert eine harmonische ebene Welle mit einer Wellenzahl k der Form $w_j e_k$, die ein Eigenvektor des matrixförmigen Differentialoperators $A = \mathcal{P}(\partial)$ ist. Physikalisch gesehen, haben ebene Wellen $w_j e_k$ mit gegebener Wellenzahl k gemeinsame Fronten, aber unterschiedliche „Polarisierungen" $w_j \in \mathbb{R}^r$.

Für $r = 1$ haben wir einen Differentialoperator $P(\partial)$; das Polynom $P(ik)$ der Wellenzahl k heißt *Symbol* dieses Operators. Der führende Term des Symbols heißt *Hauptsymbol*.

Zum Beispiel ist das Symbol des Laplace-Operators im $\mathbb{R}^n$ gleich $-k_1^2 - \ldots - k_n^2$ und stimmt mit seinem Hauptsymbol überein. Das Symbol wird gewöhnlich mit dem Buchstaben σ bezeichnet, zum Beispiel für den Laplaceoperator ist $\sigma = -k^2$.

Für einen matrixförmigen Operator heißt die Matrix der Symbole *Symbolmatrix* des Operators.

Als *Symbol eines Systems* bezeichnet man die Determinante der Symbolmatrix. Das Symbol des Cauchy-Riemannschen Systems ist beispielsweise

$$\det \begin{pmatrix} ik_1 & -ik_2 \\ ik_2 & ik_1 \end{pmatrix} = -k_1^2 - k_2^2,$$

d.h. es ist gleich dem Symbol des Laplaceoperators in der Ebene.

Als *Hauptsymbol eines Systems* bezeichnet man den führenden homogenen Teil seines Symbols. In der Wellenphysik heißt der entsprechende Begriff normalerweise Dispersionsrelation.

Bemerkung. Das Hauptsymbol ist invariant definiert, d.h. es hängt nicht vom Koordinatensystem ab, das bei seiner Konstruktion verwendet wurde: Es ist ein homogenes Polynom in den Komponenten des Kotangentialvektors k des Raums der unabhängigen Veränderlichen. Die Invarianz des Hauptsymbol bedeutet die Unabhängigkeit seines Wertes vom Koordinatensystem auf jedem Kotangentialvektor. Das gesamte Symbol ist nicht invariant. So können etwa beim Laplaceoperator nach einer Variablensubstitution Terme erster Ordnung hinzutreten. Die Invarianz des Hauptsymbols kann man aus folgenden Überlegungen erkennen (der Einfachheit halber beschränken wir uns auf den skalaren Fall $r = 1$). Wir wenden den Operator auf die harmonische ebene Welle e_k an:

$$P(\partial, x)e_k = \sigma_m(k) + \sigma_{m-1}(k) + \dots ,$$

wobei die Koeffizienten der Polynome von x abhängen dürfen. Nun lassen wir k gegen Unendlich konvergieren. Ist $\sigma_m \neq 0$, so ist dies der asymptotisch führende Term bei der Anwendung des Operators auf eine hochfrequente ebene Welle. Nach einer glatten Substitution der Variablen x in $e_k(x)$ zeigt man leicht, daß diese Asymptotik lediglich vom Vektor k, nicht aber vom Koordinatensystem abhängt.

Die algebraischen Eigenschaften des Hauptsymbols haben entscheidenden Einfluß auf die Eigenschaften der entsprechenden Differentialgleichung, und in diesem Sinne kann man die Theorie der Differentialgleichungen als Zweig der algebraischen Geometrie ansehen.

Beispiel. Eine Funktion f auf einer Mannigfaltigkeit besitze eine Entwicklung in Exponentialterme (etwa auf einer Kreislinie oder einem Torus): $f = \sum f_k e_k$. Wir suchen eine Lösung der Gleichung $\Delta u = f$ in Form einer Reihe $u = \sum u_k e_k$. Wir erhalten $-k^2 u_k = f_k$, $u_k = -f_k/k^2$. Offensichtlich konvergiert die Reihe $\sum u_k e_k$. Darüberhinaus ist u um zwei Ordnungen glatter als f.

Dieselbe Überlegung ist für beliebige lineare Operatoren der Ordnung m mit konstanten Koeffizienten gültig, sofern $|\sigma_m(k)| \geq C|k|^m$.

Ein solcher Operator heißt *elliptisch*. Wie wir sehen, bringt die Elliptizität die Schwierigkeiten mit der unendlichen Dimension fast zum Verschwinden; die Lösungsmethode ist rein algebraisch.

Ein Operator mit veränderlichen Koeffizienten heißt *elliptisch*, wenn er beim Einfrieren der Koeffizienten in einem beliebigen Punkt elliptisch wird.

Beispiel. Der Laplaceoperator div grad auf einer beliebigen Riemannschen Mannigfaltigkeit (etwa einer Sphäre) ist elliptisch (zeigen Sie das!).

Für einen elliptischen Operator $P(\partial, x)$ mit veränderlichen Koeffizienten liefern die obigen Formeln nicht die exakte Lösung der Gleichung $Pu = f$.

Dennoch kann man durch Einfrieren der Koeffizienten hinreichend gute Näherungen an die Lösung der Gleichung $Pu = f$ auf einer kompakten Mannigfaltigkeit gewinnen.

Wählt man für f „Wellenpakete" der Art $e^{-sx^2}e_k(x)$, so kann man für große k die Näherungslösung $u = f/\sigma_m(k)$ verwenden. Das schnelle Abklingen von u für $k \to \infty$ garantiert, daß das Problem „fast endlichdimensional" ist. Deshalb ist die Theorie der elliptischen Gleichungen und Randwertprobleme auch im Fall veränderlicher Koeffizienten fast genauso nah zur endlichdimensionalen Linearen Algebra wie die entsprechende obige Theorie des Laplaceoperators.

Ist der Operator nicht elliptisch (zum Beispiel der Wellenoperator), so ist die Methode nicht direkt anwendbar. Sie läßt sich aber modifizieren.

Aufgabe 1. Man finde die Mannigfaltigkeiten der Nullstellen des Hauptsymbols der Wellengleichung

$$\frac{\partial^2 u}{\partial t^2} = \frac{\partial^2 u}{\partial x^2} + \frac{\partial^2 u}{\partial y^2} \, .$$

ANTWORT. Das ist ein quadratischer Kegel im $\mathbb{R}^3$ (ein „Lichtkegel").

Aufgabe 2. Die quadratische Form $\sum a_{pq}k_p k_q$ sei positiv definit. Für welche Geschwindigkeiten c und welche Wellenzahl k besitzt die Wellengleichung

$$\frac{\partial^2 u}{\partial t^2} = \sum a_{pq}\frac{\partial^2 u}{\partial x_p \partial x_q}$$

eine Lösung in Form der ebenen Welle $e^{\omega t - kx}$, die in Richtung des Vektors k mit Geschwindigkeit c läuft?

Aufgabe 3. Man finde die Mannigfaltigkeiten der Nullstellen des Hauptsymbols der Maxwellschen Gleichung

a) Im Vakuum:

$$\frac{\partial E}{\partial t} = \operatorname{rot} H \, , \quad \frac{\partial H}{\partial t} = -\operatorname{rot} E \, ,$$

b) in einem homogenen nicht isotropen Medium.

HINWEIS. Vgl. Courant und Hilbert „Methoden der Mathematischen Physik"[3]

Aufgabe 4. Man finde die Mannigfaltigkeiten der Nullstellen des Hauptsymbols des Systems Diracscher Gleichungen für vier komplexe Funktionen u_j in vier Unbekannten x_j

---

[3] Referenz [3] in Anhang 1 (Anm. d. Übers.)

$$\sum_{k=1}^{4} \alpha_k(\partial/\partial x_k - a_k)u - \beta bu = 0\,,$$

wobei

$$\alpha_1 = \begin{pmatrix} 0\,0\,0\,1 \\ 0\,0\,1\,0 \\ 0\,1\,0\,0 \\ 1\,0\,0\,0 \end{pmatrix}, \quad \alpha_2 = \begin{pmatrix} 0\ 0\ 0\,-i \\ 0\ 0\ i\ 0 \\ 0\,-i\ 0\ 0 \\ i\ 0\ 0\ 0 \end{pmatrix}, \quad \alpha_3 = \begin{pmatrix} 0\ \ 0\ \ 1\ \ 0 \\ 0\ \ 0\ \ 0\,-1 \\ 1\ \ 0\ \ 0\ \ 0 \\ 0\,-1\ 0\ \ 0 \end{pmatrix}$$

$$\alpha_4 = \begin{pmatrix} -1\ \ 0\ \ \ 0\ \ \ 0 \\ \ 0\,-1\ \ \ 0\ \ \ 0 \\ \ 0\ \ 0\,-1\ \ \ 0 \\ \ 0\ \ 0\ \ \ 0\,-1 \end{pmatrix}, \quad \beta = \begin{pmatrix} 1\,0\ \ 0\ \ 0 \\ 0\,1\ \ 0\ \ 0 \\ 0\,0\,-1\ \ 0 \\ i\,0\ \ 0\,-1 \end{pmatrix}$$

Das allgemeine Schema der Theorie der Ausbreitung von Wellen, die durch Systeme linearer partieller Differentialgleichungen gegeben sind, ist folgendes:

Die Menge der Nullstellen des Hauptsymbols ist ein Feld von Kegeln im Kotangentialraum der Raum-Zeit. Durch Übergang zum projektiven (oder sphärischen) Raum, erhalten wir eine „Fresnelsche Hyperfläche" von reziproken Geschwindigkeiten in den Mannigfaltigkeiten der Kontaktelemente der Raum-Zeit.

Die geometrische Optik (also die Theorie der Strahlen und Fronten), die durch diese Hyperfläche gegeben ist (vgl. Vorlesung 2), beschreibt näherungsweise (unter gewissen Bedingungen) die kurzwelligen Asymptotiken (die in der Physik auch quasiklassisch heißen), also das Verhalten von Wellen, deren Länge klein ist im Verhältnis zu den geometrischen Maßen des Systems (etwa mit den Abständen, in denen sich die Koeffizienten des Systems merklich ändern).

Die wichtigste der Bedingungen ist die *Hyperbolizität*, die in folgendem besteht. Wir betrachten eine algebraische Hyperfläche des Grades d im m-dimensionalen reellen projektiven Raum. Die Hyperfläche heißt *hyperbolisch* bezüglich eines Punktes, wenn jede reelle Gerade durch diesen Punkt die Hyperfläche in d *reellen* Punkten schneidet. Sind alle diese Punkte paarweise verschieden, so heißt die Hyperfläche *streng hyperbolisch*.

Beispiel. Eine Ellipse ist streng hyperbolisch bezüglich seiner inneren Punkte, hyperbolisch bezüglich ihrer Randpunkte und nicht hyperbolisch bezüglich ihrer äußeren Punkte.

Die Hyperbolizitätsbedingung eines Systems besteht darin, daß die Hyperfläche der reziproken Geschwindigkeiten im projektiven Raum der Kontaktelemente in jedem Punkt der Raum-Zeit bezüglich des zeitlichen Punktes hyperbolisch ist.

Hierbei ist der zeitliche Punkt die projektive Darstellung des Vektors dt im Kotangentialraum an die Raum-Zeit (das entsprechende Kontaktelement ist die Tangentialhyperebene des Isochronen).

Eine streng hyperbolische Fläche geraden Grades $2n$ besteht aus n zur Sphäre diffeomorphen und ineinander geschachtelten Ovaloiden, beginnend mit dem Ovaloid, das dem zeitlichen Punkt am nächsten liegt bis zu demjenigen, das am weitesten davon entfernt ist. Physikalisch entsprechen diese Komponenten verschiedenen „Moden" oder Typen von Wellen. In einem elastischen Medium gibt es beispielsweise Longitudinal- und Transversalwellen (Längs- und Querwellen). Longitudinal- und Transversalwellen, die sich in derselben Richtung ausbreiten, haben, ganz allgemein, unterschiedliche Geschwindigkeiten.

Das am zeitlichen Punkt nächstgelegene Ovaloid entspricht der langsamsten Welle, das folgende einer schnelleren und so fort bis zu der schnellsten Welle, die als erste ankommt, und die dem äußersten der Ovaloide entspricht. Das erkennt man daraus, in welcher Reihenfolge sich die entsprechenden Kegel mit Scheitel in 0 und die zeitartige Weltlinie $q = c$, die neben 0 liegt, schneiden. Der zur Isochronen nächstgelegene Schnittpunkt entspricht der kleinsten Ankunftszeit t der aus 0 ausgehenden Erregung in c und damit der schnellsten Welle.

Man muß dabei im Blick behalten, daß zu jeder Richtung zwei Wellen eines Typs gehören: Eine läuft vorwärts, die andere zurück (die entsprechenden Wellenzahlen sind einander entgegengesetzt).

Beispiel. Für die Wellengleichung mit $2n = 2$ gibt es eine Mode, und jeder Richtung des physikalischen Raums entsprechen genau zwei Wellen, die sich entlang dieser Richtung mit entgegengesetzter Orientierung ausbreiten.

Die Begründung der kurzwelligen Asymptotiken und insbesondere des Übergangs der „physikalischen" Optik der Wellengleichung in die geometrische Optik der Eikonalgleichung übersteigt den Rahmen dieser Vorlesungen. Ich möchte nur anmerken, daß bei der Durchführung dieses Programms in den asymptotischen Formeln interessante topologische Invarianten auftreten, die sogenannten Maslov-Indizes, die den „Verlust eines Viertels der Welle beim Durchgang eines Strahls bei einer Kaustik" beschreiben und die in der Quantenmechanik als Korrekturterm $(1/2)$ in der Quantisierungsbedingung von Bohr-Sommerfeld auftauchen. Die allgemeine Formulierung der Quantisierungsbedingung führt somit auf ein topologisches Objekt, nämlich die Maslovsche charakteristische Klasse auf Lagrangeschen Untermannigfaltigkeiten des symplektischen Phasenraums.

Aufgabe. Übertragen Sie die Weylsche Formel (die Asymptotik der Zahl der Eigenfunktionen zu Eigenwerten kleiner E) auf den Fall hyperbolischer Systeme.

Anhang 1. Der topologische Gehalt des Maxwellschen Satzes über die Multipol-Darstellung sphärischer Funktionen

Hier führen wir den Beweis des Maxwellschen Satzes über die Multipol-Darstellung sphärischer Funktionen. Insbesondere wird bewiesen, daß die Funktionen, die eine solche Darstellung zulassen, einen Vektorraum bilden. Das ist gerade die Behauptung, die wir noch nicht bewiesen haben (Vorlesung 11).

Zugleich werden wir eine Reihe interessanter topologischer und algebraischer Folgerung aus dem Maxwellschen Satz herleiten (der offenbar erstmals von Sylvester in der wenig bekannten Arbeit [7] bewiesen wurde, die daneben sowohl das grundlegende ideologische Prinzip des Bourbakischen Programms, als auch eine Warnung vor der Gefahr mißbräuchlicher Formalisierung der Mathematik enthält).

Wir erinnern an die Aussage des Satzes.

Satz 1. *Die Einschränkung der n-fachen Ableitung der Funktion $1/r$ in Richtung von n konstanten (also Shift-invarianten) Vektorfeldern im $\mathbb{R}^3$ auf die Sphäre ist eine Kugelfunktion vom Grad n. Jede von Null verschiedene Kugelfunktion vom Grad n kann auf diese Weise unter Verwendung eines geeigneten Satzes von n nicht verschwindenden Vektorfeldern konstruiert werden. Durch die gegebene Funktion sind diese Felder eindeutig festgelegt (bis auf multiplikative Konstanten und die Reihenfolge).*

Die Kugelfunktionen vom Grad n bilden einen Vektorraum der Dimension $2n + 1$.

Die Menge der Funktionen, die durch die im Satz beschriebene Multipolkonstruktion erhalten werden, sieht a priori ziemlich nichtlinear aus. Aus dem Satz folgt, daß das Bild der entsprechenden multilinearen Abbildung ein *Vektorraum* ist. Die Eindeutigkeitsbehauptung des Satzes läßt sich in rein topologischen Begriffen umformulieren.

Satz 2. *Der Konfigurationsraum von n (eventuell zusammenfallenden) ununterscheidbaren Punkten auf der reellen projektiven Ebene (also die symmetrische Potenz $\mathrm{Sym}^n(\mathbb{R}P^2)$) ist diffeomorph zum reellen projektiven Raum der Dimension 2n:*

$$\mathrm{Sym}^n(\mathbb{R}P^2) \approx \mathbb{R}P^{2n} .$$

Symmetrische Potenzen von nicht orientierten Flächen wurden (unabhängig von Maxwell) von J. Dupont und G. Lusztig [4] ausgerechnet.

Bemerkung. Satz 2 ist dem projektiven Satz von Vieta

$$\mathrm{Sym}^n(\mathbb{C}P^1) \approx \mathbb{C}P^n$$

verwandt und ist in gewissem Sinne seine quaternionische Variante.

Betrachtet man die Riemannsche Sphäre $\mathbb{C}P^1$ als zweiblättrige Überdeckung des reellen projektiven Raums, erhalten wir als Folgerung eine algebraische Abbildung $r : \mathbb{C}P^n \to \mathbb{R}P^{2n}$ der Vielfachheit 2^n, die den klassischen Satz

$$\mathbb{C}P^2/\mathrm{conj} \approx S^4$$

auf höhere Dimensionen verallgemeinert.

§ 1. Grundlegende Räume und Gruppen

Wir betrachten den n-dimensionalen arithmetischen quaternionalen Raum $\mathbb{H}^n = \bigoplus \mathbb{H}_p^1$ mit seiner üblichen i-komplexen Struktur ($i(ae + bi + cj + dk) = ai - be + ck - dj$). Multiplikation von links mit j operiert auf $\mathbb{H}_p^1$ unter Bewahrung der komplexen Geraden. Sie bildet jede Gerade auf eine dazu Hermitesch-orthogonale Gerade ab und operiert auf $\mathbb{C}P^1 = (\mathbb{H}_p^1 \setminus 0)/\mathbb{C}^*$ als fixpunktfreie antiholomorphe Involution σ_p.

Wir betrachten die Coxeter-Gruppe $B(n)$, die auf dem Produkt $(\mathbb{C}P^1)^n$ durch Permutation von Faktoren und Abbildungen σ_p auf einigen der Faktoren operiert.

Satz 3. *Der Orbitraum der Operation von $B(n)$ auf $(\mathbb{C}P^1)^n$ ist ein $2n$-dimensionaler reeller projektiver Raum:*

$$(\mathbb{C}P^1)^n/B(n) \approx \mathbb{R}P^{2n} .$$

Der Orbitraum der Permutationsgruppe $S(n)$ ist gemäß dem Satz von Vieta der komplexe projektive Raum

$$(\mathbb{C}P^1)^n/S(n) = \mathrm{Sym}^n(\mathbb{C}P^1) = \mathbb{C}P^n .$$

Somit haben wir eine natürliche Abbildung $r : \mathbb{C}P^n \to \mathbb{R}P^{2n}$ (die einen Orbit ξ der Untergruppe $S(n)$ auf denjenigen Orbit $r(\xi)$ der Gruppe $B(n)$ abbildet, der ξ enthält).

Die Gruppe $B(n)$ enthält ebenso die interessante Untergruppe $\mathbb{Z}_2 \times S(n)$ (von einfachen Permutationen und solchen Permutationen, die begleitet sind von Involutionen σ_p auf *jedem* Faktor). Ein Produkt von Involutionen σ_p operiert auf $(\mathbb{C}P^1)^n/S(n)$ als Involution $\sigma \in \mathbb{Z}_2$.

Die Gruppeneinbettungen $S(n) \to \mathbb{Z}_2 \times S(n) \to B(n)$ generieren Abbildungen der Orbiträume

$$(\mathbb{C}P^1)^n/S(n) \xrightarrow{\alpha} (\mathbb{C}P^1)^n/(S(n) \times \mathbb{Z}_2) \xrightarrow{\beta} (\mathbb{C}P^1)^n/B(n)$$

der entsprechenden Vielfachheiten 2 und 2^{n-1}.

Die Involution $\sigma : (\mathbb{C}P^1)^n/S(n) \to (\mathbb{C}P^1)^n/S(n)$ permutiert die Urbilder $\alpha^{-1}(\cdot)$.

Satz 4. *Für geradzahlige n operiert die Involution σ auf $(\mathbb{C}P^1)^n/S(n) \approx \mathbb{C}P^n$ wie die komplexe Konjugation* conj.

Somit haben wir für gerade n die reelle algebraische Abbildung

$$\mathbb{C}P^n \xrightarrow{\alpha} \mathbb{C}P^n/\mathrm{conj} \xrightarrow{\beta} \mathbb{R}P^{2n}$$

der entsprechenden Vielfachheiten 2 und 2^{n-1}.

Bemerkung. Für $n = 2$ ist der zweite Raum glatt (vgl. etwa [1] und [2]; sicherlich war das aber schon vor der Veröffentlichung in [2] bekannt),

$$\mathbb{C}P^2/\mathrm{conj} \approx S^4 .$$

In diesem Fall hat β die Vielfachheit 2.

Eine Involution, die zwei Urbilder vertauscht, operiert auf S^4 als Antipodeninvolution.

Ich habe S. Donaldson für diese Feststellung zu danken, die beweist, daß der (seltsame) Maxwellsche Satz im gewissen Sinne eine höherdimensionale Verallgemeinerung des (nicht weniger seltsamen) Satzes $\mathbb{C}P^2/\mathrm{conj} \approx S^4$ darstellt.

Weiter unten werden wir zeigen, daß der Maxwellsche Satz eine explizite Formel für den Diffeomorphismus $\mathbb{C}P^2/\mathrm{conj} \to S^4$ liefert.

Bemerkung. In den meisten Fällen, wenn wir behaupten, daß zwei Mannigfaltigkeiten „kongruieren", werden wir nur einen reellen algebraischen Homöomorphismus zwischen diesen Mannigfaltigkeiten angeben. Die pedantische Überprüfung, ob diese Homöomorphismen geglättet werden können, überlassen wir manchmal dem Leser (vgl. aber auch § 4).

§ 2. Einige Sätze aus der reellen algebraischen Geometrie

Wir betrachten ein reelles homogenes Polynom f vom Grad n in drei Variablen (x, y, z). Der Satz von Maxwell hat folgende seltsame algebraische Konsequenz.

Satz 5. *Jedes reelle homogene Polynom f vom Grad n läßt sich eindeutig als Summe zweier solche Polynome schreiben, wobei eins dieser Polynome ein Produkt von n linearen Faktoren ist und das andere durch $x^2 + y^2 + z^2$ teilbar ist.*

Insbesondere definiert jede reelle algebraische Kurve vom Grad n in der metrischen projektiven Ebene n reelle „Hauptachsen", die invariant von der Kurve abhängen.

BEWEIS. Die reelle Gleichung $x^2 + y^2 + z^2 = 0$ definiert in $\mathbb{C}P^2$ eine reelle Kurve S ohne reelle Punkte. Diese sogenannte imaginäre Kreislinie ist rational und topologisch äquivalent zu einer Sphäre. Die komplexe Konjugation bildet S in sich ab und operiert auf S als fixpunktfreie antiholomorphe Involution (es handelt sich um die gewöhnliche Antipodeninvolution von S^2). Die Gleichung $f = 0$ definiert in $\mathbb{C}P^2$ eine reelle algebraische Kurve K vom Grad n. Die komplexe Konjugation conj $: \mathbb{C}P^2 \to \mathbb{C}P^2$ bildet K in sich ab und permutiert die $2n$ Schnittpunkte von K und S.

Jedes Paar konjugierter Schnittpunkte definiert eine Verbindungsgerade (die Punkte sind verschieden, da conj keine Fixpunkte auf S^2 hat). Diese Gerade ist reell (da conj zwei Punkte auf dieser Geraden vertauscht) und wird durch eine Gleichung $ax + by + cz = 0$ mit reellen Koeffizienten beschrieben.

Wir betrachten das Produkt g von n solchen linearen Funktionen und zeigen, daß f entlang S proportional zu g ist.

Das homogene Polynom f verschwindet in den $2n$ gemeinsamen Punkten von K und S. Die Kurve S ist rational. Wir wählen einen reellen Parameter t (zum Beispiel $x = 2t$, $y = t^2 - 1$, $z = i(t^2 + 1)$). Durch Wahl geeigneter Koordinaten können wir ausschließen, daß $t = \infty$ einer der Schnittpunkte von S und K ist. Die Polynome $f(x(t), y(t), z(t))$ und $g(x(t), y(t), z(t))$ vom Grad $2n$ haben $2n$ gemeinsame Nullstellen, wobei $g \neq 0$. Also gilt entlang von S die Gleichheit $f = cg$ mit $c = $ const.

Somit verschwindet das homogene Polynom $f - cg$ auf S, hat also die Gestalt $(x^2 + y^2 + z^2)h(x, y, z)$ mit irgendeinem reellen homogenen Polynom h vom Grad $n - 2$. Damit ist der Satz bewiesen.   □

Bemerkung. Die Eindeutigkeit der Zerlegung $f = cg + (x^2 + y^2 + z^2)h$ kann man unabhängig vom Existenzbeweis zeigen. Wir nehmen an, daß eine zweite Zerlegung $f = c'g' + (x^2 + y^2 + z^2)h$ gegeben ist. Dann ist $c'g' - cg = (x^2 + y^2 + z^2)h''$, wobei g und g' jeweils Produkte von n linearen Faktoren sind. Auf einer Geraden l sei $g = 0$. Auf dieser Geraden hat das Polynom $c'g'$ einerseits n reelle Nullstellen und ist andererseits gleich der rechten Seite der letzten Formel, die nicht mehr als $n - 2$ reelle Nullstellen besitzt. Also sind $c'g' \equiv 0$ und $h'' = 0$ auf l. Folglich sind alle drei Polynome durch die Gleichung von l teilbar, und die Eindeutigkeit folgt durch Induktion über n. (Für $n = 1$ ist alles klar, da $cg = c'g'$ aus $h'' = 0$ folgt.)

Wir betrachten den projektiven Raum $\mathbb{R}P^N$ der reellen algebraischen Kurven vom Grad n (wobei $N = n(n+3)/2$).

Die reellen algebraischen Kurven, die aus n reellen Geraden bestehen, bilden in diesem projektiven Raum eine geschlossene reelle algebraische Mannigfaltigkeit T der Dimension $2n$ (das Bild von $(\mathbb{R}P^2)^n$ unter einer multilinearen Abbildung). Die Kurven, die S enthalten, bilden den projektiven Unterraum $P = \mathbb{R}P^M$, $M = (n-2)(n+1)/2$. Mit diesen Bezeichnungen bekommt Satz 5 die folgende Gestalt.

Satz 6. *Die Mannigfaltigkeiten T und P in $\mathbb{R}P^N$ sind verkettet mit Verkettungskoeffizienten 1 in folgendem Sinne. Durch jeden Punkt aus $\mathbb{R}P^N$ der nicht zur Vereinigung von T und P gehört, verläuft eine eindeutige reelle projektive Gerade, die T mit P verbindet. Diese Gerade schneidet T (genauso wie P) in genau einem Punkt.*

Nun können wir leicht Satz 2 beweisen.

BEWEIS VON SATZ 2. Wir betrachten einen Raum H der Dimension $M + 1$, der den M-dimensionalen projektiven Raum P enthält. *Jeder solche Raum schneidet T.* Wählen wir nämlich einen Punkt O in H, der weder zu P noch zu T gehört, so liegt die Gerade, die O mit T und P verbindet, in H und schneidet T.

Der Schnittpunkt ist eindeutig, denn andernfalls gäbe es in H einen Punkt O, durch den zwei T und P verbindende Geraden verliefen.

Somit haben wir einen Homöomorphismus zwischen $T \approx \mathrm{Sym}^n(\mathbb{R}P^2)$ und der Mannigfaltigkeit der $M + 1$ dimensionalen Räume, die P enthalten, konstruiert. Die letztere Mannigfaltigkeit ist $\mathbb{R}P^{N-M-1}$, was (zumindest auf der topologischen Ebene) Satz 2 beweist, da $N - M - 1 = 2n$. □

§ 3. Von der algebraischen Geometrie zu den Kugelfunktionen

Die Ableitungen harmonischer Funktionen entlang konstanten Vektorfeldern sind offensichtlich harmonische Funktionen. Somit sind alle wiederholten Ableitungen der Funktion $1/r$ außerhalb von 0 harmonisch. Die folgenden Lemmata wurden in Vorlesung 11 bewiesen.

Lemma 1. *Die n-te Ableitung der Funktion $1/r$ entlang von n konstanten Vektorfeldern hat die Gestalt P/r^{2n+1}, wobei P ein homogenes Polynom vom Grad n ist.*

Lemma 2. *Das homogene Polynom aus Lemma 1 ist eine harmonische Funktion.*

Dieses Lemma folgt aus dem klassischen Satz über die Inversion, an den ich hier erinnern möchte. Die harmonische Funktion P/r^{2n+1} ist homogen vom Grad $-(n+1)$. Auf der Einheitssphäre stimmt sie mit P überein. Daraus folgt, daß auch die Fortsetzung dieser Funktion von der Einheitssphäre als homogene Funktion vom Grad n auf den ganzen Raum harmonisch ist. Diese Fortsetzung ist genau P.

Zum Beweis des Satzes über die Inversion betrachten wir den sphärischen Laplaceoperator $\tilde{\Delta}$, also den Operator div grad auf der Einheitssphäre. Wir setzen diesen auf die homogenen Funktionen vom Grad k auf $\mathbb{R}^m \setminus \{0\}$ fort und zwar so, daß jede homogene Funktion F vom Grad k auf eine homogene Funktion $\tilde{\Delta}F$ desselben Grades abgebildet wird.

Gemäß Vorlesung 11 gilt für jede homogene Funktion F vom Grad k

$$\tilde{\Delta}F = r^2 \Delta F - \Lambda F, \quad \text{wobei } \Lambda = k^2 + k(m-2).$$

Aus dieser Formel folgt

(i) Die Einschränkung einer harmonischen homogenen Funktion vom Grad k auf die Einheitssphäre im $\mathbb{R}^m$ ist eine Eigenfunktion des sphärischen Laplaceoperators zum Eigenwert $-\Lambda$.

(ii) Setzt man eine Eigenfunktion des sphärischen Laplaceoperators zum Eigenwert $-\Lambda$ von der Sphäre auf $\mathbb{R}^m \setminus \{0\}$ so fort, daß die Fortsetzung homogen vom Grad k ist, dann ist die Fortsetzung harmonisch.

(iii) Zu jedem Homogenitätsgrad k im $\mathbb{R}^m$ gibt es einen dualen Grad $k' = 2 - m - k$ dergestalt, daß eine homogene harmonische Funktion vom Grad k harmonisch bleibt, wenn wir sie auf die Sphäre einschränken und dann als homogene Funktion des dualen Grades fortsetzen. Für $m = 3$ ist die Dualitätsbedingung $k + k' = -1$.

Insbesondere hat die Funktion P/r^{2n+1} aus Lemma 1 den Grad $k = -(1+n)$, und wegen $m = 3$ ist der duale Grad $k' = n$, woraus Lemma 2 folgt.

Lemma 3. *Jede Kugelfunktion vom Grad n auf S^2 läßt sich darstellen als $f(X,Y,Z)(1/r)$, wobei f ein homogenes Polynom vom Grad n ist und $X = \partial/\partial x$, $Y = \partial/\partial y$, $Z = \partial/\partial z$, $r^2 = x^2 + y^2 + z^2$.*

BEWEIS. Die harmonischen homogenen Polynome vom Grad n bilden einen Vektorraum. Dieser enthält (nach den Lemmata 1 und 2) den Unterraum der harmonischen Polynome, deren Einschränkungen in der Form darstellbar sind, wie sie im zu beweisenden Lemma angegeben ist. Dieser Raum ist offensichtlich invariant unter Drehungen. Aber die Darstellung von $SO(3)$ im Raum der sphärischen Funktionen ist nicht reduzibel (jede Funktion läßt sich als Linearkombinationen von Drehungen des n-ten Legendre-Polynoms darstellen).

Folglich stimmt der so definierte Unterraum mit dem ganzen Raum der Kugelfunktionen vom Grad n überein.   □

Lemma 4. *Jede Kugelfunktion vom Grad n läßt als $f_T(X,Y,Z)(1/r)$ darstellen, wobei $f_T = \prod_{i=1}^{n}(\alpha_i X + \beta_i Y + \gamma_i Z)$ das Produkt von n reellen linearen Faktoren ist.*

BEWEIS. Gemäß Satz 5 existiert eine Zerlegung $f(x, y, z) = f_T(x, y, z) + g(x, y, z)(x^2 + y^2 + z^2)$. Wenden wir diese Zerlegung auf die Darstellung aus Lemma 3 an, so erhalten wir

$$f(X, Y, Z)(1/r) = f_T(X, Y, Z)(1/r) + 0 \,,$$

da $X^2 + Y^2 + Z^2 = \Delta$ und $\Delta(1/r) = 0$. Somit besitzt jede sphärische Funktion die Multipoldarstellung aus Satz 1.   □

Lemma 5. *Die Multipoldarstellung ist eindeutig (d.h. das Polynom f_T ist eindeutig durch die Kugelfunktion definiert).*

BEWEIS. Es seien f_T und f'_T solche vollständig zerlegbare Polynome, daß

$$f_T(X, Y, Z)(1/r) = f'_T(X, Y, Z)(1/r) \,.$$

Gemäß Lemma 1 (durch n-fache Anwendung) gilt

$$f_T(X, Y, Z)(1/r) = (cf_T(x, y, z) + r^2 g)r^{-(2n+1)} \,, \quad c \neq 0 \,,$$
$$f'_T(X, Y, Z)(1/r) = (c' f'_T(x, y, z) + r^2 g')r^{-(2n+1)} \,, \quad c' \neq 0 \,.$$

Folglich ist $f_T(x, y, z) - f'_T(x, y, z) = r^2 h(x, y, z)$. Nach Satz 5 ist dies nur dann möglich, wenn $f_T = f'_T$. Damit ist Satz 1 bewiesen.   □

§ 4. Explizite Formeln

Die quaternionale Multiplikation mit j von links bildet einen Vektor $(z, w) = zj + we$ aus $\mathbb{C}^2 \approx \mathbb{H}^1$ auf $(\bar{w}, -\bar{z})$ ab. Dieser Vektor ist Hermitesch-orthogonal zum ursprünglichen Vektor.

Somit haben wir eine explizite Formel $t \mapsto -1/\bar{t}$ für eine fixpunktfreie antiholomorphe Involution $\mathbb{C}P^1$.

Paare von Hermitesch-orthogonalen Geraden in $\mathbb{C}^2$ können wir zur Parametrisierung der Punkte in $\mathbb{R}P^2$ verwenden. So werden wir Satz 3 aus Satz 2 ableiten. Des Weiteren werden wir explizite Formeln für den Diffeomorphismus

$$\mathrm{Sym}^n(\mathbb{R}P^2) \approx \mathbb{R}P^{2n}$$

aus Satz 2 gewinnen, indem wir als Koordinaten auf $\mathrm{Sym}^n(\mathbb{R}P^2)$ jeweils n Paare von Hermitesch-orthogonalen Geraden im $\mathbb{C}^2$ verwenden.

Zunächst betrachten wir den Fall $n = 1$.

Jedem Paar (z, w) und $(\bar{w}, -\bar{z})$ Hermitesch-orthogonaler Vektoren des $\mathbb{C}^2$ ordnen wir die quadratische Form

$$f = (zx + wy)(\bar{w}x - \bar{z}y) = f_0 x^2 + f_1 xy + f_2 y^2$$

im Dualraum zu, die durch das Produkt der zu diesen Vektoren gehörigen Linearformen gegeben ist. Hierbei sind (x, y) die Koordinaten in der dualen Ebene $\mathbb{C}^2$. Die Koeffizienten der quadratischen Form f haben also die Gestalt

$$f_0 = z\bar{w}\,, \quad f_1 = w\bar{w} - z\bar{z}\,, \quad f_2 = -\bar{z}w\,.$$

Wir bemerken, daß der Koeffizient f_1 reell ist, während $f_2 = -\bar{f}_0$. Wir verwenden f_0 und f_1 als Koordinaten im Raum $\mathbb{R}^3$ der Formen f.

Wird der ursprüngliche Vektor (z, w) mit einer komplexen Zahl multipliziert, so wird der konstruierte Koordinatenvektor mit dem Betragsquadrat dieser Zahl multipliziert. Somit haben wir die Abbildung

$$F : \mathbb{C}P^1 \to S^2 = (\mathbb{R}^3 \setminus \{0\})/\mathbb{R}^+\,,$$

die die komplexen Geraden im $\mathbb{C}^2$ auf reelle Halbgeraden im $\mathbb{R}^3$ abbildet.

Der gewählte Punkt (z, w) der komplexen Geraden wird durch die Abbildung (f_0, f_1) auf einen wohldefinierten Punkt des Strahls abgebildet. Für die Wahl $z = t$, $w = 1$ erhalten wir beispielsweise $f_0 = t$, $f_1 = 1 - t\bar{t}$.

Ist der ursprüngliche Punkt auf der Geraden normiert durch die Bedingung $|z|^2 + |w|^2 = 1$, liegt sein Bild auf dem Ellipsoid $|2f_0|^2 + |f_1|^2 = 1$ (das wir genauso als Sphäre bezeichnen können, wenn wir die Koordinaten $2f_0$ und f_1 verwenden).

Somit wird die Riemannsche Sphäre $\mathbb{C}P^1 = S^3/S^1$ durch den Diffeomorphismus $(2f_0, f_1)$ auf die Einheitssphäre im $\mathbb{R}^3$ mit den Koordinaten $2f_0$ und f_1 abgebildet. Betrachten wir $t = z/w$ als Koordinate in $\mathbb{C}P^1$, so erhalten wir eine Abbildung der t-Ebene auf die Einheitssphäre im $\mathbb{R}^3$, die identisch mit der stereographischen Projektion ist. Die Formeln, die wir weiter unten angeben werden, sind in diesem Sinne höherdimensionale Verallgemeinerungen der stereographischen Projektion.

Ersetzen wir die ursprüngliche im $\mathbb{C}P^2$ durch die dazu Hermitesch-orthogonale Gerade, so ändert sich das Vorzeichen der Abbildung F. Substituiert man nämlich $\bar{w}$ für z und $-\bar{z}$ für w, so ändert sich das Vorzeichen sowohl vor f_0 als auch vor f_1. Also bildet f die Involution $j : \mathbb{C}P^1 \to \mathbb{C}P^1$ (die jede Gerade auf ihr Hermitesch-orthogonales Komplement abbildet) auf die Antipodeninvolution der Sphäre S^2 im $\mathbb{R}^3$ ab.

Nun wenden wir eine analoge Konstruktion auf die n-te symmetrische Potenz des Raums $\mathbb{R}P^2$ an. Wir beginnen mit der n-ten symmetrischen Potenz von $\mathbb{C}P^1$. Nach Definition ist ein Punkt der komplexen Mannigfaltigkeit

$$\mathrm{Sym}^n(\mathbb{C}P^1) \approx \mathbb{C}P^n$$

gegeben durch eine (ungeordnete) Menge von n Geraden im $\mathbb{C}^2$.

Indem wir n Vektoren $(z_k, w_k) \neq 0$ auswählen und das Produkt der entsprechenden Linearformen des Dualraums bilden, erhalten wir die binäre n-Form

$$H(x,y) = \prod_{k=1}^{n}(z_k x + w_k y) = h_0 x^n + \ldots + h_n y^n \, .$$

Die Koeffizienten dieser Form sind die (homogenen) Koordinaten in $\mathbb{C}P^n = \mathrm{Sym}^n(\mathbb{C}P^1)$ (die eine glatte homogene Struktur auf diesem Raum definieren).

Ist $w_k \neq 0$, so kann man $w_k = 1$ setzen. Als affine Koordinaten erhalten wir die elementarsymmetrischen Funktionen in den Variablen z_k

$$h_0 = \sigma_n(z) \, , \ldots \, , h_{n-1} = \sigma_1(z) \, , (h_n = 1) \, .$$

Im Weiteren werden wir die σ_k als *lokale* Koordinaten in $\mathrm{Sym}^n(\mathbb{R}P^2)$ verwenden.

Wir beginnen mit n Paaren Hermitesch-orthogonaler Geraden im $\mathbb{C}^2$. Wir wählen jeweils einen Vertreter jeden Paares, wobei wir beachten, daß keine der ausgewählten Geraden mit irgendeiner der nicht ausgewählten Geraden zusammenfällt (im gegebenen Punkt und folglich auch in einer gewissen Umgebung, wo unser Koordinatensystem gültig ist). Falls einige Paare doppelt auftreten, genügt es immer dieselbe Gerade auszuwählen, um die genannte Bedingung zu erfüllen.

Mit $(z_k, 1)$ $(k = 1, \ldots, n)$ bezeichnen wir die Vektoren, die die ausgewählten Geraden definieren. Auf der reellen Mannigfaltigkeit $\mathrm{Sym}^n(\mathbb{R}P^2)$ verwenden wir als lokale Koordinaten (die Real- und Imaginärteile) der n komplexen Zahlen

$$\sigma_1(z_1, \ldots, z_n), \ldots, \sigma_n(z_1, \ldots, z_n) \, .$$

Die orthogonalen Geraden sind durch Vektoren $(1, -\bar{z}_k)$ gegeben. Wir definieren die symmetrisierte $2n$-Form

$$f = \prod_{k=1}^{n}(z_k x + y) \prod_{k=1}^{n}(x - \bar{z}_k y) = f_0 x^{2n} + \ldots + f_{2n} y^{2n} \, .$$

Weiter unten werden wir sehen, daß die Koeffizienten f_k Polynome in σ und $\bar{\sigma}$ sind.

Satz 7. *Die Abbildung $F : \mathbb{C}^n \to \mathbb{R}^{2n+1}$, die den Punkt $(\sigma_1, \ldots, \sigma_n)$ nach $(f_0, \ldots, f_{2n})$ abbildet, definiert (lokal) einen Diffeomorphismus der Mannigfaltigkeit $\mathrm{Sym}^n(\mathbb{R}P^2)$ in den Raum $\mathbb{R}P^{2n}$ der Halbgeraden im $\mathbb{R}^{2n+1}$. In Koordinatenschreibweise ist die Abbildung F durch folgende explizite Formeln gegeben:*

$$f_0 = \sigma_n \, ,$$
$$f_1 = \sigma_{n-1} - \sigma_n \bar{\sigma}_1 \, ,$$
$$f_2 = \sigma_{n-2} - \sigma_{n-1}\bar{\sigma}_1 + \sigma_{n-2}\bar{\sigma}_2 \, ,$$
$$\vdots$$
$$f_n = 1 - \sigma_1 \bar{\sigma}_1 + \sigma_2 \bar{\sigma}_2 - \ldots + (-1)^n \sigma_n \bar{\sigma}_n \, .$$

BEWEIS. Man sieht leicht, daß

$$\prod_{k=1}^{n}(z_k x + y) = \sigma_n x^n + \sigma_{n-1} x^{n-1} y + \ldots + y^n \, ,$$

$$\prod_{k=1}^{n}(x - \bar{z}_k y) = x^n - \bar{\sigma}_1 x^{n-1} y + \bar{\sigma}_2 x^{n-2} y^2 + \ldots + (-1)^n \bar{\sigma}_n y^n \, .$$

Durch Multiplikation dieser beiden Polynome erhalten wir (nach F. Aicardi) die oben angegebenen Formeln für die Koeffizienten des Produkts.

Außerdem ergibt sich, daß $f_{2n-k} = (-1)^{n-k} \bar{f}_k$, insbesondere ist der mittlere Koeffizient f_n reell.

Es bleibt nachzuweisen, daß im betrachteten Gebiet die Jacobideterminante nicht verschwindet. Das läßt sich ohne Rechnungen zeigen. Die zu untersuchende Jacobimatrix hat die Dimension $2n + 1$. Eine ihrer Spalten ist der Vektor

$$\Phi = (f_0, \bar{f}_0, f_1, \bar{f}_1, \ldots, f_{n-1}, \bar{f}_{n-1}, f_n) \, .$$

Die übrigen $2n$ Spalten sind seine Ableitungen

$$(\partial \Phi / \partial \sigma_1, \partial \Phi / \partial \bar{\sigma}_1, \ldots, \partial \Phi / \partial \sigma_n, \partial \Phi / \partial \bar{\sigma}_n) \, .$$

Wir stellen diese nichtholomorphe Jacobideterminante als den Wert einer holomorphen Jacobideterminanten $T(\sigma, \tau)$ im Punkt $\tau = \bar{\sigma}$ dar. Letztere konstruieren wir folgendermaßen:

Wir betrachten das Produkt

$$\prod_{k=1}^{n}(z_k x + y) \prod_{k=1}^{n}(x - w_k y) = F_0 x^{2n} + \ldots + F_{2n} y^{2n} \, .$$

Die Koeffizienten F_k sind Polynome in $\sigma_1(z), \ldots, \sigma_n(z)$ und es ist $\tau_1 = \sigma_1(w), \ldots, \tau_n = \sigma_n(w)$. Mit $\Psi = (F_0, \ldots, F_{2n})$ bezeichnen wir die entsprechende vektorwertige Funktion in den Variablen σ und τ und betrachten die Determinante der Matrix

$$(\Psi, \partial \Psi / \partial \sigma_1, \partial \Psi / \partial \tau_1, \ldots, \partial \Psi / \partial \sigma_n, \partial \Psi / \partial \tau_n) \, .$$

Diese Determinante $T(\sigma, \tau)$ ist im Punkt $\sigma(z)$, $\tau = \sigma(\bar{z})$ verschieden von Null. Aus unserer Bedingung an die Auswahl der Geraden folgt nämlich, daß kein z_k mit einem der $-1/\bar{z}_l$ zusammenfällt. Somit bilden $(\sigma_1, \ldots, \sigma_n)$ und $(\tau_1, \ldots, \tau_n)$ in einer geeigneten Umgebung des betrachteten Punktes $(\sigma, \tau = \bar{\sigma})$ ein lokales holomorphes Koordinatensystem von $\mathbb{C}P^{2n} = \mathrm{Sym}^{2n}(\mathbb{C}P^1)$. Das heißt, die Determinante $T(\sigma, \tau)$ ist in diesem Punkt verschieden von Null. Aber die Determinante, für die wir zeigen wollen, daß sie verschieden von Null ist, ist gleich $T(\sigma, \bar{\sigma})$, da $f_{2n-k} = (-1)^{n-k} \bar{f}_k$. Also haben wir bewiesen, daß die Abbildung $\mathrm{Sym}^n(\mathbb{R}P^2) \to \mathbb{R}P^{2n}$ ein lokaler Diffeomorphismus ist.   □

Aus § 2 wissen wir bereits, daß diese Abbildung ein Homöomorphismus ist. Damit haben wir nun Satz 1 vollständig bewiesen.

§ 5. Der Satz von Maxwell und $\mathbb{C}P^2/\mathrm{conj} \approx S^4$

Die expliziten Formeln aus § 5 erlauben auch die Konstruktion eines Diffeomorphismus der Sphäre S^{2n} auf einen unten zu definierenden Orbitraum.

Wir beginnen mit der komplexen Mannigfaltigkeit $(\mathbb{C}P^1)^n$ der geordneten n-Tupel von n Geraden im Raum $\mathbb{C}^2$. Auf dieser Mannigfaltigkeit betrachten wir folgende glatte (nicht holomorphe) Operation der Coxeter-Gruppe $D(n)$. Ein Element von $D(n)$ operiert, indem es die Faktoren permutiert und eine *gerade* Anzahl von Geraden auf ihr Hermitesch-orthogonales Komplement abbildet.

Satz 8. *Es gilt $(\mathbb{C}P^1)^n/D(n) \approx S^{2n}$ und der entsprechende Diffeomorphismus ist lokal durch die Formeln aus Satz 7 gegeben.*

BEWEIS. Permutationen ändern nicht die binäre $2n$-Form f. Die Ersetzung einer Geraden durch ihr Komplement ändert das Vorzeichen beim zugehörigen Faktor $(z_k x + y)(x - \bar{z}_k y)$. Folglich ändert eine gerade Anzahl solcher Ersetzungen nicht das Vorzeichen bei f (während eine ungerade Anzahl das Vorzeichen ändert). □

Interessanterweise kann man die so bewiesene Beziehung $(\mathbb{C}P^1)^n/D(n) \approx S^{2n}$ als eine informelle Fortsetzung des Satzes von Chevalley auffassen: Der Orbitraum der Operation einer reellen $(2n-1)$-dimensionalen Gruppe auf $\mathbb{C}^{2n}$ (die man als die Verallgemeinerung der Coxeter-Gruppe verstehen muß) ist der glatte reelle Raum $\mathbb{R}^{2n+1}$.

Beispiel. Für $n = 2$ erhalten wir

$$(\mathbb{C}P^1)^2/D(2) \approx S^4 \,,$$

wobei die Gruppe $D(2)$, bestehend aus 4 Elementen, auf den Geradenpaaren des $\mathbb{C}^2$ durch Permutationen und (eventuell) Ersetzung beider Geraden durch ihre Hermitesch-orthogonalen Komplemente operiert.

Aber $(\mathbb{C}P^1)^2/S(2) \approx \mathrm{Sym}^2(\mathbb{C}P^1) = \mathbb{C}P^2$. Folglich ist $(\mathbb{C}P^1)^2/D(2) = \mathbb{C}P^2/(j)$, wobei (j) die Ersetzung beider Geraden durch ihre Komplemente ist.

Wir betrachten die komplexe Mannigfaltigkeit $\mathrm{Sym}^n(\mathbb{C}P^1) = \mathbb{C}P^n$ der ungeordneten Mengen von n-Tupel von n Geraden im Raum $\mathbb{C}^2$. Die Operation j auf $\mathbb{C}P^n$, die jede Gerade durch ihr Hermitesch-orthogonales Komplement ersetzt, ist eine (antiholomorphe) Involution.

Satz 9. *Für gerade n ist die Involution $j : \mathbb{C}P^n \to \mathbb{C}P^n$ gleich der komplexen Konjugation (in gewissen Koordinaten).*

BEWEIS. Die Koeffizienten der Form

$$H_{z,w}(x,y) = \prod_{k=1}^{n}(z_k x + w_k y) = \sum_{k=0}^{n} h_k x^{n-k} y^k$$

sind die natürlichen (homogenen) Koordinaten in $\mathbb{C}P^n = \mathrm{Sym}^n(\mathbb{C}P^1)$. Wir beschreiben die Operation von j auf den Koeffizienten h_k.

Auf dem Dualraum bewirkt die Operation

$$\bar{w}_k x - \bar{z}_k y = \overline{z_k(-\bar{y}) + w_k(\bar{x})}\ .$$

Also ist die transformierte Form durch die Formel

$$H_{\bar{w},-\bar{z}}(x,y) = \overline{H_{z,w}(-\bar{y},\bar{x})}$$

gegeben. Bezüglich der Koeffizienten erhalten wir folgenden Ausdruck für die transformierte Form

$$\overline{\sum_{k=0}^{n} h_k(-\bar{y})^{n-k}(\bar{x})^k} = \sum_{k=0}^{n}(-1)^{n-k}\bar{h}_k x^k y^{n-k}\ .$$

Die Operation j auf den Koeffizienten der Form H ist also gegeben durch $(jh)_k = (-1)^k \bar{h}_{n-k}$. Da n gerade ist, folgt genauso $(jh)_{n-k} = (-1)^k \bar{h}_k$. Die gesuchten Koordinaten sind $h_k + h_{n-k}$ und $i(h_k - h_{n-k})$ für gerade k und $i(h_k + h_{n-k})$ und $h_k - h_{n-k}$ für ungerade k (natürlich betrachten wir nie $h_{n/2} - h_{n/2}$).

Für $n = 2$ führen unsere Ergebnisse zu der Formel des klassischen Diffeomorphismus $\mathbb{C}P^2/\mathrm{conj} \approx S^4$. Der „Maxwellsche Satz"

$$(\mathbb{C}P^1)^n / D(n) \approx S^{2n}$$

erweitert diesen Diffeomorphismus auf höhere Dimensionen.   □

§ 6. Die Geschichte des Satzes von Maxwell

Maxwells eigene Version dieses Satzes findet man in seinem Hauptwerk *Electricty and Magnetism*, Band 1, Kapitel IX, Abschnitte 129–133 (Seiten 222–233 in [5]).

Sylvester kritisierte seine Abhandlung in [7] mit den Worten: „Ich bin etwas erstaunt, daß dieser bedeutende Autor nicht bemerkt haben sollte, daß immer genau ein *reelles* System von Polen existiert, daß der gegebenen harmonischen Schwingung entspricht [...]

Bei aller Hochachtung vor Professor Maxwells großartigen Fähigkeiten muß ich eingestehen, daß mir die Herleitung rein analytischer Eigenschaften der Kugelfunktionen aus dem „Greenschen Satz" und dem „Prinzip der potentiellen Energie", wie er es getan hat, als eine Vorgehensweise erscheint, die nicht im Einklang mit vernünftigen Methoden ist, von der gleichen Art und genauso überzeugend [. . .], als ob man die Regel zum Ziehen der Quadratwurzel aus dem Archimedischen Gesetz der Schwimmkörper herleiten wollte."

Sylvester schlug seinen eigenen Zugang vor, der offenbar äquivalent zu dem oben angeführten Satz 5 ist:

„Die von Professor Maxwell entdeckte oder entwickelte Polmethode zur Darstellung der Kugelfunktionen beläuft sich auf nicht mehr und nicht weniger als auf die Wahl einer geeigneten kanonischen Form einer ternären Quantik, unter der Voraussetzung, daß die Quadratsumme der Variablen (hier Differentialoperatoren) gleich Null ist."

Dennoch hat sich Sylvester nicht darum bemüht, diese Frage im Detail auszuarbeiten („da ich zeitlich sehr unter Druck bin und binnen 24 Stunden mit dem Dampfschiff zurück nach Baltimore fahre"). Die Beweisdetails erschienen in [6] und später in [3].

Sylvester erwähnte die Verbindung seiner Theorie von den Integralen über die Ableitungen sphärischer Harmoniken mit dem Satz von Ivory über die Anziehung einer Ellipse und schlug einige Verallgemeinerungen dieser Ideen vor.

Es scheint so, daß weder die algebraischen noch die philosophischen Ideen dieser Sylvesterschen *Note* von der mathematischen Gemeinschaft verstanden oder weiterentwickelt wurden. Die Seiten, die diese Note enthalten, waren in den Kopien seiner *Collected Papers* in der Bibliothek der Pariser École Normale Supérieure nicht einmal aufgeschnitten.

Die Note enthält folgenden (antibourbakischen) Absatz:

„Es ist in keiner Weise ungewöhnlich für die mathematische Forschung [. . .], daß ein Teil in einem gewissen Sinne mehr ist als das ganze; die Grundlage für dieses erstaunliche intellektuelle Phänomen besteht darin, daß, zu mathematischen Zwecken, alle Größen und Zusammenhänge (so lehrt uns die Erfahrung) im Zustand stetiger Veränderung, vergleichbar dem Strömen eines Flusses, betrachtet werden sollen."

Diese allgemeine Philosophie läßt ihn zu dem Schluß kommen, daß „[. . .] eine allgemeine Aussage leichter zu zeigen sein muß als jeder ihrer Spezialfälle".

Daraus, wie Sylvester zu der letzten Folgerung gekommen ist, können wir schließen, daß dieses wichtige Sylvestersche Prinzip (das von Bourbaki fast hundert Jahre später übernommen wurde) nicht die Notwendigkeit einer unglücklichen Versteinerung der Mathematik in sich birgt.

Literatur

1. V. I. Arnold. *A branched covering of $CP^2 \to S^4$, hyperbolicity and projectivity topology.* Sib. Math. J. 29 (5), 717–726, 1988.

2. V. I. Arnold. *Distribution of ovals of the real plane of algebraic curves, of involutions of four-dimensional smooth manifolds, and the arithmetic of integer-valued quadratic forms.* Funct. Anal. Appl. 5:169–176, 1971.

3. R. Courant und D. Hilbert. *Methoden der Mathematischen Physik I., 4. Aufl.* Springer-Verlag, 1993.

4. J. L. Dupont and G. Lusztig. *On manifolds satisfying $w_1^2 = 0$.* Topology, 10:81–92, 1971 .

5. J. C. Maxwell. *Traité d'electricité et de magnétisme T.1.* Gauthier-Villars, Paris, 1885.
in englischer Sprache: *A Treatise on Electricity and Magnetism*, Unabridged 3d ed. V.1. – S.1., Dover, 1954.

6. A. Ostrowski. *Die Maxwellsche Erzeugung der Kugelfunktionen.* Jahresber. Deutsch. Math.-Verein, 33, 245–251, 1925.

7. J. J. Sylvester. *Note on spherical harmonics.* Philosophical Magazine, 2, 291–307, 1876.
siehe auch: *The Collected Mathematical Papers of J. J. Sylvester*, Vol. 3, Cambridge University Press, 37–51, 1909.

Anhang 2. Aufgaben

§ 1. Seminarmaterialien

Aufgabe 1. Gegeben sei ein Vektorfeld mit einer Singularität vom Typ eines Fokus (vgl. Zeichnung). Bestimmen Sie alle Lösungen der Gleichung $L_v u = 0$.

Aufgabe 2. Gegeben sei das Vektorfeld v durch

$$\dot{x} = y \, ,$$
$$\dot{y} = x \, .$$

Auf der Geraden $x = 1$ sei eine Anfangsfunktion des Cauchyproblems gegeben.
a) Welche Bedingung an die Anfangsfunktion $u|_{x=1}$ ist notwendig, damit eine Lösung des Cauchyproblems existiert? b) Ist die Lösung eindeutig?

Aufgabe 3. Gegeben sei die Gleichung

$$u_t + u u_x = 0 \, . \qquad\qquad (*)$$

a) Man finde ihre Charakteristiken.
b) Man zeige, daß sich die Newtonsche Gleichung

$$\frac{\partial^2 \varphi}{\partial t^2} = 0$$

auf die Gleichung $(*)$ zurückführen läßt, wenn man voraussetzt, daß $\varphi(t)$ die Position eines Teilchens auf der Geraden ist und $u(t, x)$ die Geschwindigkeit eines Teilchens, das sich zum Zeitpunkt t an der Stelle x der Geraden befindet.

Aufgabe 4. a) Man untersuche die Existenz und Eindeutigkeit von Lösungen der Gleichung

$$\left(\frac{\partial f}{\partial x}\right)^2 + \left(\frac{\partial f}{\partial y}\right)^2 = 1$$

mit Anfangsbedingung $f|_{y=x^2} = 0$ in den Gebieten $y \geq x^2$ und $y \leq x^2$.

b) Man bestimme die Kurve (vgl. Zeichnung), die das Gebiet begrenzt, in dem eine Lösung eindeutig ist. Man zeige, daß diese Kurve die Menge der Krümmungszentren der Parabel $y = x^2$ ist.

c) Man wiederhole die ersten Aufgabenteile für die Randbedingung

$$f\Big|_{\frac{x^2}{a^2}+\frac{y^2}{b^2}=1} = 0 \ .$$

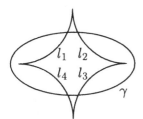

d) Wir betrachten eine C^3-kleine Störung einer Ellipse. Die gestörte Kurve γ ist in der Zeichnung dargestellt. Durch die inneren Einheitsnormalen an γ wird eine Hüllkurve definiert, deren Bogenlängen mit l_1, l_2, l_3, l_4 bezeichnet sind. Man zeige die Richtigkeit der Gleichung $l_1 + l_3 = l_2 + l_4$.

Aufgabe 5. Existiert eine Lösung des Cauchy-Problems

$$x(x^2 + y^2)\frac{\partial u}{\partial x} + y^3 \frac{\partial u}{\partial y} = 0 \ , \quad u\Big|_{y=0} = 1$$

in einer Umgebung des Punktes $(x_0, 0)$ auf der x-Achse? Falls eine Lösung existiert, ist sie eindeutig?

Hausaufgaben

Aufgabe 6. Es sei $\alpha = du - p_1\,dx_1 - p_2\,dx_2$. Zeigen Sie, daß keine dreidimensionale Integralmannigfaltigkeit existiert.

Aufgabe 7. Im $(2n + 1)$-dimensionalen Raum der 1-Jets bestimme man die Charakteristiken einer a) linearen homogenen, b) linearen inhomogenen, c) quasilinearen Gleichung.

Aufgabe 8. Man untersuche Existenz und Eindeutigkeit einer Lösung der Gleichung $yu_x = xu_y$, $u|_{x=1} = \cos y$ in einer Umgebung des Punktes $(1, y_0)$.

Aufgabe 9. Man bestimme das maximale t, für das sich die Lösung der Gleichung

$$\frac{\partial u}{\partial t} + u\frac{\partial u}{\partial x} = \sin x \ , \quad u|_{t=0} = 0$$

auf $[0, t[$ fortsetzen läßt.

Die Wellengleichung, Wellen, die Korteweg-de-Vries-Gleichung

Aufgabe 10. Man bestimme die Charakteristiken der Wellengleichung

$$\frac{\partial^2 u}{\partial t^2} = c^2 \frac{\partial^2 u}{\partial x^2}, \quad x \in \mathbb{R}.$$

Aufgabe 11. Welche Gestalt nimmt die Wellengleichung an, wenn man als Koordinatenachsen Charakteristiken wählt?

Aufgabe 12. Man gebe die allgemeine Gestalt der Lösung der Wellengleichung an.

Aufgabe 13. Für die Wellengleichung sei die Anfangsbedingung $u|_{t=0} = u_0(x)$ gegeben. Man bestimme eine Lösung zu dieser Anfangsbedingung. Ist sie eindeutig?

Aufgabe 14. Die Korteweg-de Vries-Gleichung (KdV)

$$u_t = 6uu_x - u_{xxx}$$

transformiere man mittels einer Substitution $u = \varphi(x - ct)$ (wir suchen eine Lösung als laufende Welle) in eine gewöhnliche Differentialgleichung 2. Ordnung.

Hausaufgaben

Aufgabe 15. Gegeben sei ein Koordinatenwechsel $x^i = a^{ij} y_j$. Man drücke $\frac{\partial u}{\partial x^i}$ durch $\frac{\partial u}{\partial y^i}$ und $\frac{\partial^2 u}{\partial x^i \partial x^j}$ durch $\frac{\partial^2 u}{\partial y^i \partial y^j}$ aus und umgekehrt.

Aufgabe 16. Man zeichne ein Phasenportrait der Gleichung

$$\ddot{\varphi} = 3\varphi^2 + C\varphi + K$$

(das ist die KdV-Gleichung nach einer Substitution $u = \varphi(x - ct)$).

Aufgabe 17. Man finde in der Phasenebene (vgl. die vorige Aufgabe) eine Lösung in Form einer Welle, für die gilt $\varphi(t) \overset{t \to \pm\infty}{\longrightarrow} 0$.

Die Wellengleichung

Aufgabe 18. Man beweise die d'Alembertsche Formel

$$u(t, x) = \frac{1}{2}\Big(\varphi(x - at) + \varphi(x + at)\Big) + \frac{1}{2a}\int_{x-at}^{x+at} \psi(y)\, dy,$$

die die Lösung der Gleichung $u_{tt} = a^2 u_{xx}$ einer Saite unter der Anfangsbedingung $u(x, 0) = \varphi(x)$, $u_t(x, 0) = \psi(x)$ liefert.

In den folgenden Aufgaben 19–24 geht es um eine halbbeschränkte ($x \geq 0$) Saite mit freiem ($u_x(0,t) \equiv 0$) oder fixiertem ($u(0,t) \equiv 0$) linkem Ende.

Aufgabe 19. Das linke Ende der Saite sei fixiert, und es seien Anfangsbedingungen $\varphi(x)$ und $\psi(x)$ für $x \geq 0$ gegeben. Wie sind die Funktionen φ und ψ auf die Menge $x < 0$ fortzusetzen, daß die Einschränkung der Lösung des dadurch definierten Cauchy-Problems auf das Gebiet $\{(x,t) : x \geq 0\}$ mit der Lösung des ursprünglichen Cauchy-Problems übereinstimmt?

Aufgabe 20. Dasselbe für eine Saite mit freiem linken Ende.

Aufgaben 21–24. Erstellen Sie einen Trickfilm (d.h. Darstellungen der Lösungen des Cauchy-Problems für verschiedene Werte $t \geq 0$) für folgende Anfangsbedingungen

21. $\varphi(x) :$ 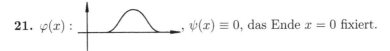 , $\psi(x) \equiv 0$, das Ende $x = 0$ fixiert.

22. Dasselbe mit freiem Ende $x = 0$.

23. $\varphi(x) \equiv 0$, $\psi(x) :$ [Abbildung] , das Ende $x = 0$ fixiert.

24. Dasselbe mit freiem Ende $x = 0$.

Aufgabe 25. Zeichnen Sie einen Trickfilm für Anfangsbedingungen wie in den Aufgaben 21–24, aber für die beschränkte Saite $0 \leq x \leq l$ in folgenden Fällen:
a) Beide Enden frei,
b) beide Enden fixiert,
c) ein Ende fixiert, das andere frei.

Hausaufgaben

Aufgabe 26. Man bestimme die allgemeine Lösung des Cauchy-Problems für eine beschränkte Saite mit Randbedingungen $u|_{x=0} = f(t)$, $u|_{x=l} = 0$, wenn
a) $u|_{t=0} = u_t|_{t=0}$
b) $u|_{t=0} = \varphi(x)$, $u_t|_{t=0} = \psi(x)$.

Aufgabe 27. In den Voraussetzungen der vorigen Aufgabe sei $f(t)$ periodisch mit Periode T.
a) Wird die Lösung $u(x,t)$ für irgendwelche φ und ψ eine periodische Funktion in t sein?
b) Verifizieren Sie, daß es für $T = (p/q)\tau$ keine periodische Lösung gibt, wobei p und q ganze Zahlen sind und $\tau = 2l/a$.

Klausuraufgaben

1. Variante

1. Man löse das Cauchy-Problem $xu_x + u_y = 0$, $u|_{y=0} = \sin x$.
2. Für welche Werte von t ist die Lösung des Cauchy-Problems $u_t + uu_x = -x^3$, $u|_{t=0}$ auf das ganze Intervall $[0, t[$ fortsetzbar?
3. Man erstelle Trickfilme:

   a) $u_{tt} = u_{xx}$, $\varphi \equiv 0$, ψ : 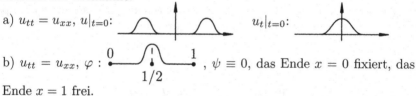 , fixiertes Ende $x = 0$, freies Ende $x = 1$.

   b) $u_{tt} = u_{xx}$, $u|_{t=0}$: , $u_t|_{t=0} \equiv 0$, $u|_{x=0} \equiv 0$.

4. Man bestimme die Lösung des Cauchy-Problems $u_{tt} = u_{xx}$ zu der Anfangsbedingung $u|_{t=0} = \sin^3 x$, $u_t|_{t=0} = \sin x$.
5. Gegeben sei die Reihe $1 + \frac{1}{2}\cos 2x + \frac{1}{3}\cos 3x + \ldots + \frac{1}{n}\cos nx + \ldots$. Handelt es sich dabei um die Fourierreihe eine C^1-Funktion?
6. Es sei $\{\varphi_k\}$ ein orthonormales System. Die Reihe $\sum (f, \varphi_k)\varphi_k$ konvergiere gegen f in L_2. Man drücke $\|f\|_{L_2}$ durch die Fourierkoeffizienten aus (Parsevalsche Gleichung).

2. Variante

1. Sind die Funktionen der Gleichung $x\frac{\partial u}{\partial x} = y\frac{\partial u}{\partial y}$ im $\mathbb{R}^2$ alle Funktionen von xy?
2. Finden Sie die Lösung der Gleichung $yuu_x + xuu_y = xy$, deren Graph die Kurve $x = y^2 + u^2 = 1$ schneidet.
3. Zeichnen Sie Trickfilme:

   a) $u_{tt} = u_{xx}$, $u|_{t=0}$: $u_t|_{t=0}$:

   b) $u_{tt} = u_{xx}$, φ : , $\psi \equiv 0$, das Ende $x = 0$ fixiert, das Ende $x = 1$ frei.

4. Lösen Sie das Cauchy-Problem $u_{tt} = u_{xx}$ mit den Anfangsbedingungen $u|_{t=0} = \cos x$, $u_t|_{t=0} = \cos^3 x$.
5. Gegeben sei die Reihe $1 + \frac{1}{2\ln 2}\cos 2x + \ldots + \frac{1}{n\ln n}\cos nx + \ldots$. Handelt es sich um die Fourierreihe einer C^1-Funktion?
6. Es sei $\varphi \in C^\omega(S^1)$, genauer, die Funktion φ sei holomorph im Streifen $|\operatorname{Im} z| < \beta$ und $\varphi(z + 2\pi) = \varphi(z)$. Zeigen Sie, daß $|\alpha_k| < ce^{-\beta k}$.

Konservative Systeme. Lissajoussche Figuren

Aufgabe 28. Gegeben sei die Gleichung $\ddot{x} = -\omega^2 x$.
a) Bestimmen Sie alle Lösungen.

b) Eine Lösung habe die Form: $A \sin \omega t + B \cos \omega t = C \sin(\omega t + \varphi)$. Zeigen Sie, daß $A^2 + B^2 = C^2$.

Im weiteren wird die Gleichung

$$\ddot{x} = -\nabla U(x) \tag{2.1}$$

betrachtet.

Aufgabe 29. Gegeben sei das Potential $U(x_1, x_2) = \frac{1}{2}(x_1^2 + x_2^2)$. Finden sie alle Lösungen von (2.1), die die im Teil b) der vorigen Aufgabe gegebene Form haben.

Aufgabe 30. Gegeben sei das Potential $U(x_1, x_2) = x_1^2 + 4x_1x_2 + 4x_2^2$. Finden Sie alle Lösungen der Gleichung (2.1). Wie verhalten sich die Lösungen in der (x_1, x_2)-Ebene?

Aufgabe 31. Zeigen Sie, daß die Gesamtenergie eines konservativen Systems (2.1) ein erstes Integral dieses Systems darstellt.

Nun betrachten wir das Potential $U(x) = \frac{x_1^2}{2} + \frac{\omega^2 x_2^2}{2}$. Die allgemeine Lösung von (2.1) läßt sich bei geeigneter Wahl des Anfangszeitpunkts schreiben als

$$x_1 = A_1 \sin t\,,$$
$$x_2 = A_2 \sin(\omega t + \varphi)\,.$$

Aufgabe 32. Es seien $\omega = 1$, $\varphi = \frac{\pi}{2}, \pi, 0$. Wie sehen die Lissajousschen Figuren im Rechteck $|x_1| \leq A_1$, $|x_2| \leq A_2$ aus? Was passiert, wenn φ seinen Wert von 0 zu π ändert? Man bestimme die Streckungsfaktoeren der Ellipsen $U(x_1, x_2) = E$ und die Lissajousschen Figuren für $\varphi = \frac{\pi}{2}$.

Hausaufgaben

Aufgabe 33. Gegeben sei das Potential $U(x, y) = 5x^2 + 5y^2 - 7xy$. Lösen Sie Gleichung (2.1).

Aufgabe 34. Gegeben sei das Potential $U(x_1, x_2) = \frac{x_1^2}{2} + \frac{1}{2}\omega^2 x_2^2$. Wir betrachten die Ellipse $U(x_1, x_2) \leq E$. Es seien $E_1 = \frac{\dot{x}_1^2}{2} + \frac{x_1^2}{2}$, $E_2 = \frac{\dot{x}_2^2}{2} + \frac{\omega^2 x_2^2}{2}$, $E = E_1 + E_2$. Dann liegen x_1, x_2 in den Streifen $|x_1| \leq \sqrt{2E_1}$, $|x_2| \leq \sqrt{2E_2}$. Zeigen Sie, daß das Rechteck $|x_1| \leq \sqrt{2E_1} = A_1$, $|x_2| \leq \sqrt{2E_2} = A_2$ in die Ellipse $U(x_1, x_2) \leq E$ einbeschrieben ist.

Aufgabe 35. Zeigen Sie:
a) Ist $\omega = \frac{m}{n}$, so ist die Lissajoussche Figur eine geschlossene Kurve.
b) Ist $\omega \notin \mathbb{Q}$, so ist sie nicht geschlossen.

Aufgabe 36. Zeigen Sie: Für $\omega = n$ existiert eine Phase φ, so daß die Lissajoussche Figur der Graph eines Polynoms vom Grad n ist (nämlich des Tschebyscheff-Polynoms $p(x) = \cos(n \arccos x)$).

Aufgabe 37. Gegeben sei die Ellipse $\frac{x^2}{16} + \frac{y^2}{25} = 1$ und der Kosinusbogen $y = 3\cos(x/4)$ für $0 \leq x \leq 8\pi$. Man zeige, daß die Linien dieser Kurven gleich sind.

Harmonische Funktionen

Aufgabe 38. Zeigen Sie, daß der Winkel, unter dem ein Intervall aus einem Punkt seiner Ebene gesehen wird, eine harmonische Funktion in der aufgespannten Ebene ohne die beiden Endpunkte des Intervalls ist.

Aufgabe 39. Man konstruiere eine Funktion, die im Einheitskreis harmonisch ist und auf zwei Bögen S_1 und S_2 mit $S_1 \cup S_2 = S^1$ vorgegebene Werte C_1 und C_2 annimmt.

Aufgabe 40. Man löse die analoge Aufgabe für eine Unterteilung der Kreislinie in n Bögen $S_1, \ldots, S_n$ und vorgegebene Werte $C_1, \ldots, C_n$.

Aufgabe 41. Man formuliere die Newtonschen Gleichungen der Bewegung freier Teilchen im Polarkoordinatensystem.

Hausaufgaben

Aufgabe 42. Man zeige, daß die Lagrangefunktionen $L_1 = \sqrt{g_{ij}\dot{x}^i\dot{x}^j}$ und $L_2 = g_{ij}\dot{x}^i\dot{x}^j$ ihre Wirkungsminima jeweils auf ein und derselben Kurve annehmen (nämlich der kürzesten, die zwei Punkte verbindet).

Aufgabe 43. Man berechne Δ in Polar- und in Kugelkoordinaten.

Aufgabe 44. Man zeige, daß die Größe des Raumwinkels, unter dem eine feste geschlossene Kontur im $\mathbb{R}^3$ aus einem beweglichen Punkt des Raums gesehen wird, eine harmonische Funktion dieses Punktes auf derjenigen Mannigfaltigkeit ist, die das Komplement der Kontur bedeckt.

§ 2. Aufgaben des schriftlichen Examens

1995[1]

1 (1) Ist durch

$$z = r^2 + \frac{2}{9} \qquad (*)$$

(mit $r^2 = x^2 + y^2 + z^2$) eine glatte Fläche im euklidischen Raum definiert? Ist sie konvex? Bestimmen Sie ihre Krümmung.

2 (2) Bestimmen Sie im Ursprung des Koordinatensystems den Wert des Potentials, das durch eine Doppelschicht der Dichte 1 entlang der Fläche $(*)$ erzeugt wird.

3 (1,2,3,3,6) Bestimmen Sie den Mittelwert folgender Funktionen über die Fläche $(*)$;
a) z;   b) $1/r$;   c) z/r^3;   d) r^2;   e) $1/r^3$.

4 (5) Man löse das innere Dirichlet-Problem mit Randbedingung $u = 1/r^3$ auf der Fläche $(*)$ (für die Laplace-Gleichung $\Delta u = 0$).

5 (5) Wir betrachten das Einfachschichtpotential der Dichte z, die auf der Fläche $(*)$ verteilt ist. Man bestimme den Mittelwert dieses Potentials über die Sphäre $r^2 = 1$.

6 (2,4) Man bestimme die obere und untere Grenze des Dirichletschen Integrals

$$\iiint (\operatorname{grad} u)^2 \, dx \, dy \, dz$$

über das von der Fläche $(*)$ berandete Gebiet für die Menge der auf dem Abschluß dieses Gebiets glatten Funktionen, die auf dem Rand mit r^2 übereinstimmen.

7 (6) Für kleine $|t|$ bestimme man im Punkt $(x = y = 0, z = 1/2)$ den Wert der Lösung f der Gleichung

$$\frac{\partial f}{\partial t} + \operatorname{div}(f \operatorname{grad} u) = f^2 \,,$$

wobei u die Lösung aus Aufgabe 4 ist; die Anfangsbedingung ist ($f \equiv 1$ für $t = 0$).

HINWEIS. Dafür braucht man nicht notwendig Aufgabe 4 gelöst zu haben, Aufgabe 7 ist unabhängig davon lösbar.

---

[1] Neben jeder Aufgabennummer ist in Klammern die erreichbare Punktzahl bei korrekter Lösung der Aufgabe (des Aufgabenteils) angegeben. Die anzunehmenden Notenkriterien bei einem dreistündigen Examen sind: „befriedigend" ab 12 Punkten, „gut" ab 16 Punkten, „sehr gut" ab 26 Punkten (die maximale Gesamtpunktzahl ist 40).

1996

1. Gegeben sei das Vektorfeld $v(x,y) = y\frac{\partial}{\partial x} + x\frac{\partial}{\partial y}$ und die Funktion $u|_{x=1} = f(y)$. Unter welcher Bedingung an f in einer Umgebung des Punktes $(1,0)$ existiert eine Lösung des Cauchy-Problems für die Gleichung $L_v u = 0$? Ist sie eindeutig?

2. Wir betrachten die Gleichung

$$\ddot{x} = -\nabla U(x)\,, \qquad\qquad (**)$$

   wobei $x = (x_1, x_2)$, $U(x) = x_1^2 + x_2^2 + ax_1 x_2$. Für welche (reellen) Werte a sind alle Lösungen der Gleichung $(**)$ periodisch?

3. Auf zwei Geraden im $\mathbb{R}^3$ sei eine elektrische Ladung verteilt: Auf der Geraden $z = 1$, $y = x$ mit der Dichte 1 und auf der Geraden $z = -1$, $y = -x$ mit der Dichte -1. Man bestimme die durch diese Ladungen gegebenen Äquipotentialflächen.

4. Auf der Sphäre $S^2 : x^2 + y^2 + z^2 = 1$ sei eine Funktion v gegeben, die mit Ausnahme des Punktes $N = (0,0,1)$ überall harmonisch ist. Es seien $\mathbb{R}^2$ die Ebene $z = 0$ und $p : S^2 \setminus \{N\} \to \mathbb{R}^2$ die stereographische Projektion. Außerdem sei $u(x,y) = v(p^{-1}(x,y))$. Zeigen Sie, daß $\int_0^{2\pi} u_r(1,\varphi)\,d\varphi = 0$.

Vladimir Igorevich **ARNOLD**

Geboren in Odessa (1937)
Abschluß an der mechanisch-mathematischen Fakultät der Staatlichen Universität Moskau (MGU) (1959)
Doktor der physikalisch-mathematischen Wissenschaften (1963)
Professor (MGU, 1965)

Gewähltes Mitglied der
   Londoner mathematischen Gesellschaft (1976)
   Nationalen Akademie der Wissenschaften der USA (1983)
   Französischen Akademie der Wissenschaften (1984)
   Amerikanischen Akademie der Künste und Wissenschaften (1987)
   Londoner königlichen Gesellschaft (1988)
   Italienischen Nationalen Akademie „dei Lincei" (1989)
   Europäischen Akademie der Wissenschaften (1990)
   Russischen Akademie der Wissenschaften (1990)
   Russischen Akademie der Naturwissenschaften (1991)

Präsident der Moskauer Mathematischen Gesellschaft (1996)

Er ist Autor von über 200 wissenschaftlichen Publikationen, darunter mehr als 20 Monographien.

Aus dem Vorwort des Autors zur zweiten Auflage:

„Die Theorie der partiellen Differentialgleichungen galt zur Mitte des 20. Jahrhunderts als Glanzstück der Mathematik. Grund dafür waren zum einen die Schwierigkeit und Bedeutung der Probleme, mit denen sie sich befaßt, zum anderen die Tatsache, daß sie sich später entwickelt hatte als die meisten anderen mathematischen Disziplinen.

Heute neigen viele dazu, dieses bemerkenswerte mathematische Gebiet mit einer gewissen Geringschätzung als eine altmodische Kunst, mit Ungleichungen zu jonglieren, oder als Versuchsgelände zur Erprobung der Funktionalanalysis zu betrachten.

Der Autor dieses äußerst kurzen Vorlesungskurses war bestrebt, Mathematikstudenten mit minimalen Vorkenntnissen (Lineare Algebra, Grundlagen der Analysis, Gewöhnliche Differentialgleichungen) ein Kaleidoskop fundamentaler Ideen der Mathematik und der Physik vorzustellen.

Anstelle des in mathematischen Büchern üblichen Prinzips der maximalen Allgemeinheit hat sich der Autor bemüht, am Prinzip der minimalen Allgemeinheit festzuhalten, gemäß welchem jede Idee zunächst in der einfachsten Situation klar verstanden sein muß, bevor die entwickelte Methode auf kompliziertere Fälle übertragen werden kann.

Besondere Aufmerksamkeit wurde auf die Wechselwirkung des Gegenstandes mit anderen Bereichen der Mathematik gerichtet, insbesondere der Geometrie von Mannigfaltigkeiten, der symplektischen Geometrie und Kontaktgeometrie, der komplexen Analysis, der Variationsrechnung und der Topologie. Der Autor richtet sich an wißbegierige Studenten, hofft aber gleichzeitig, daß sogar professionelle Mathematiker mit anderen Spezialgebieten durch dieses Buch die grundlegenden und daher einfachen Ideen der mathematischen Physik und der Theorie der partiellen Differentialgleichungen kennenlernen können."

Printed in the United States
By Bookmasters